2017
水文发展年度报告

2017 Annual Report of Hydrological Development

水利部水文司　编著

中国水利水电出版社

www.waterpub.com.cn

·北京·

内 容 提 要

本书通过系统整理和记述 2017 年全国水文改革发展的成就和经验，全面阐述了水文综合管理、规划与建设、水文站网、水文监测、水情气象服务、水资源监测与评价、水质监测与评价、科技教育等方面的情况和进程，通过大量的数据和有代表性的实例客观地反映了水文工作在经济社会发展中的作用。

本书具有较强的专业性和实用性，可供从事水文行业管理和业务技术人员使用，也可供水文水资源相关专业的高年级本科生以上或从事相关领域的业务管理人员阅读参考。

图书在版编目（ＣＩＰ）数据

2017 水文发展年度报告 ＝ 2017 Annual Report of Hydrological Development ／ 水利部水文司编著 ． -- 北京：中国水利水电出版社，2018.9
ISBN 978-7-5170-6904-1

Ⅰ．①2… Ⅱ．①水… Ⅲ．①水文工作－研究报告－中国－ 2017 Ⅳ．① P337.2

中国版本图书馆 CIP 数据核字（2018）第 216832 号

书　　名	**2017 水文发展年度报告** 2017 SHUIWEN FAZHAN NIANDU BAOGAO
作　　者	水利部水文司　编著
出版发行	中国水利水电出版社 （北京市海淀区玉渊潭南路 1 号 D 座　100038） 网址：www.waterpub.com.cn E-mail：sales@waterpub.com.cn 电话：(010) 68367658（营销中心）
经　　售	北京科水图书销售中心（零售） 电话：(010) 88383994、63202643、68545874 全国各地新华书店和相关出版物销售网点
排　　版	山东水文印务有限公司
印　　刷	山东水文印务有限公司
规　　格	210mm×297mm　16 开本　105 千字　7 印张　1 插页
版　　次	2018 年 9 月第 1 版　2018 年 9 月第 1 次印刷
印　　数	0001—1200 册
定　　价	**80.00 元**

主要编写人员

主　　　编：蔡建元

副 主 编：章树安　杨建青　刘 晋

主要编写人员（按单位顺序）：

刘圆圆	吴梦莹	彭 辉	熊珊珊	朱金峰	潘曼曼
戴 宁	魏延玲	杨 卫	赵和松	于 钋	王伶俐
郭 莉	程 琳	卢洪建	元 浩	张 玮	赵 瑾
付 鹏	张明月	徐小伟	张忆君	高 雅	刘耀峰
齐文静	王一萍	袁 帅	司井丹	陈 蕾	周瑜粼
金俏俏	徐润泽	张胜利	石可寒	林长清	宾予莲
韩慈航	彭 钰	温子杰	李沁林	杨 丹	邱琳琳
张 静	庞 楠	黄建钧	李 黎	王若臣	伍云华
钟 杨	王加方				

前　言

水文事业是国民经济和社会发展的基础性公益事业，水文事业的发展历程与经济社会的发展息息相关。《水文发展年度报告》作为反映全国水文事业发展状况的行业蓝皮书，从宏观管理的角度，力求系统、准确阐述年度全国水文事业发展的状况，记述全国水文改革发展的成就和经验，全面、客观反映水文工作在经济社会发展中发挥的重要作用，为开展水文行业管理、制定水文发展战略、指导水文现代化建设等提供参考。报告内容取材于全国水文系统提供的各项工作总结和相关统计资料，以及本年度全国水文管理与服务中的重要事件。

《2017水文发展年度报告》延续了以往的框架结构，按照水文业务分类进行编写，充分反映各地的事业发展和典型事例。报告由综述、综合管理篇、规划与建设篇、水文站网篇、水文监测篇、水情气象服务篇、水资源监测与评价篇、水质监测与评价篇、科技教育篇组成，并附有"2017年度全国水文行业十件大事""2017年全国水文发展统计表"组成，供有关单位和读者参考。

《2017水文发展年度报告》的出版得到水利部水文水资源监测预报中心的大力支持。

水利部水文司

2018年6月

目　　录

第一部分

综 述

　　2017 年是我国发展进程中具有划时代里程碑意义的一年。一年来，全国水文系统围绕水利中心工作，以习近平新时代中国特色社会主义思想为指引，深入贯彻新时代水利工作方针，开拓创新、扎实工作，积极践行"大水文"发展战略，深入推进改革创新，努力夯实业务基础，服务支撑能力再上台阶，各项工作取得明显成效，圆满完成年度目标任务。

一、水文工作面临的新形势

　　当前和今后一个时期，我国经济社会发展进入新阶段。党中央确立了"四个全面"战略布局，提出了"五大发展理念"，明确了"节水优先、空间均衡、系统治理、两手发力"的新时期水利工作方针，强调要牢固树立山水林田湖是一个生命共同体的系统思维，加强河湖管理保护工作。水利部全面推行河长制和水资源双控行动，对保护水资源、防治水污染、改善水环境、修复水生态以及"三条红线"考核、地下水超采区综合治理、水权初始分配制度建设等工作做出明确部署。面对新形势新任务，要求水文部门紧跟发展步伐、加快改革创新，围绕经济社会发展需求，优化水文发展布局、提升水文监测能力，加强水资源承载能力、河湖水文情势变化、地下水超采区、河湖健康等监测评价工作，提供更加丰富的水文信息和分析成果，充分发挥基础保障和技术支撑作用。

　　同时，受气候变化和人类活动影响，近年来极端天气事件明显增多、水旱灾害不确定性显著增加，对水资源时空分布、生态环境系统、城市生产生活和经济社会发展产生重大影响。年初，《中共中央　国务院关于推进防灾减灾救灾体制机制改革的意见》提出了"两个坚持"和"三个转变"的灾害风险管理和综合减灾新理念，要求全面提高水旱灾害综合防御能力。面对防灾减灾新理念，要求水文部门充分考虑气候变化新特点、城镇化发展新趋势、流域下垫面新变化，强化中长期雨水情趋势研判和变化环境下水循环规律研究，加强城市防洪内涝监测预警，坚持应急监测与常态监测相结合，着力提升水文应急响应能力，加快构建水文信息服务平台，推进信息整合和共享服务，努力提升水文监测能力和预报预警水平。

二、水文工作取得的主要成效

1. 水文测报工作成效显著

2017年，太平洋副热带高压明显偏强西伸，我国强降水过程多，暴雨洪水南北齐发、多地同发、局部重发，台风登陆时空阶段性集中，华西等地秋汛明显。全国平均降水量641 mm，较常年偏多2%。华西等地秋汛明显，长江上游干流、汉江、淮河流域降水量较常年同期偏多5成至1.2倍，列1961年以来同期第1～3位。淮河上游干流两度超警，王家坝至吴家渡河段10月径流量列历史同期第1位。全国有24个省（自治区、直辖市）的471条河流发生超警以上洪水，其中湖南省湘江下游、江西省乐安河上游、广西壮族自治区桂江中游、陕西省无定河、吉林省温德河等20条河流发生超历史洪水，局地暴雨洪水极端性罕见。全年共有8个台风登陆，其中"天鸽"为1949年以来登陆珠江口地区的最强台风。全国江河来水接近常年，水文干旱总体偏轻。水文部门超前部署，加强监测，科学研判，及时会商，强化预测、预报、预警工作，各地全年向中央报送雨水情信息7.5亿份、发布作业预报6279站次、发布水情预警信息1320条，有效提高了社会公众的防灾避险意识，为防汛部署赢得了先机。

2. 水文行业改革不断深化

2017年，按照国家事业单位分类改革总体部署以及中央编办行政职能事业单位改革试点方案，中央机构编制委员会办公室批复水利部设立"水文司"，承担水文行政管理职能，进一步强化了水文行业管理，是水文发展史上具有里程碑意义的事件。同时，原水利部水文局（水利信息中心）更名为水利部信息中心，并加挂"水利部水文水资源监测预报中心"牌子，增设水利部水文水资源监测评价中心（副局级），水文行政管理和业务职能得到"双加强"。一年来，地方水文体制改革取得积极进展，四川省增设 8 个地市水文局，湖北省设立 5 个地市水文局，山东省设立 75 个县级水文机构，深圳市设立水文水质中心，全国水文体制改革进一步加快。根据《水利部关于深化水文监测改革的指导意见》，各地全面推进水文监测改革工作，长江委、安徽、河南、广西、重庆等省（自治区、直辖市）21 个单位编制完成监测改革实施方案。北京、上海、辽宁、山东等省（直辖市）以水文监测改革为抓手，积极利用社会资源力量，委托开展设施运行维护、监测辅助业务、劳务人员聘用管理等，探索实践向社会购买服务，推动构建创新发展的水文基层服务体系。

3. 水文能力建设持续加强

2017 年，规划和重点项目建设持续推进，水文支撑能力不断提升。开展了《全国水文基础设施建设规划（2013—2020 年）》中期评估及修编工作，大江大河水文监测系统（一期）建设工程立项得到国家发展改革委批复，加快推进水资源监测能力建设工程等项目前期工作，落实年度中央投资 10.1 亿元。如期完成国家地下水监测工程主体建设任务，规划 10298 个监测井全部建设完成，仪器设备安装完成率达 98.3%，完成流域、省级中心信息系统建设部署，已有 10060 处地下水站监测信息实时报送至水利部。中小河流水文监测系统项目建设任务全面完成，其中北京、山西、吉林、上海、河南、甘肃等省（直辖市）已完成项目竣工验收工作；编制完成《项目建设总结评价报告》并报国家发展改革委。此外，国家防汛抗旱指挥系统二期工程水文建设任务基本完成，国家水资源监控能力二期建设、省界断面水资源监测项目进展顺利。为保障新的形势要求下水文测报工作的正常开展，水利部印发《水文业务经费定额标准（2017版）》，为水文运行维护经费保障提供了重要依据。

按照水利对口援藏援疆统一部署和水文行业对口援助机制，各流域管理机构水文局作为对口援藏小组牵头单位，组织相关省区水文单位与西藏自治区和新疆维吾尔族自治区水文局、水文分局，加强协调对接，深入西藏、新疆实地调研，把握援助需求，组织援助协调会议，在基础设施建设、人才交流培养、水文业务帮扶、资金物资支持等方面开展了大量工作，各地累计援助资金146万元、设备42台（套），组织培训技术人员155人次，取得显著成效。

4. 水文信息服务不断深化

2017年，在加强水资源水量水质同步监测力度的同时，进一步强化水文监测质量管理，先后印发了《水文测验质量检查评定办法（试行）》《关于进一步确保水质监测数据质量的通知》，开展了年度实验室质量控制考核及水质监测质量管理监督检查工作，完成全国297个实验室、1203项次的质量控制样品考核。水文部门不断丰富水生态监测内容，积极开展水生态评价技术研究，编制印发《水生生物监测调查技术指南（试行）》，北京市和江苏省推动出台水生态监测地方技术标准，太湖局、江苏省积极构建立体水生态监测技术体系，强化湖泛巡查。水文部门积极作为，为全面推行河长制提供技术支撑，广西壮族自治区水文水资源局被纳入自治区河长制领导小组成员单位，11个省级水文部门为河长制办公室成员，部分市县水文部门为同级地方河长制领导小组或办公室成员。甘肃、辽宁、四川等省承担有关河湖名录和"一河一策"方案编制工作；湖北、江西、宁夏、江苏、陕西等省（自治区）出台有关水文服务河湖长制工作指导意见，编制监测技术方案。湖南、湖北等20省（自治区、直辖市）建立了水文微信公众号，不断加大面向公众的水文服务。

第二部分

综合管理篇

2017 年，全国水文系统深入贯彻落实水文工作会议精神，凝心聚力，全力推进水文体制机制改革、基础设施建设、拓宽服务领域、国际交流合作、水文行业宣传等各项工作任务，深入开展学习贯彻党的十九大精神，进一步加大人才培养力度和梯队建设，水文行业管理水平迈上新台阶。

一、召开水文工作会议

2017 年 4 月 6 日，水利部在北京召开 2017 年水文工作会议，刘宁副部长出席会议并讲话，各流域机构、各省（自治区、直辖市）水利（水务）厅（局）、新疆生产建设兵团水利局分管负责人，以及水文部门主要负责人参加会议。刘宁副部长在会上充分肯定了 2016 年水文工作，从新时期治国理政新方略、水利发展新举措和防灾减灾新要求等三个方面，深刻阐述了水文工作面临的新形势、新要求、新机遇、新挑战，明确提出了统筹规划、改革创新、强化服务的水文工作思路和目标任务，并从六个方面对年度水文工作进行了重点部署：一是强调要全力做好防汛抗旱水文测报工作，加强汛前准备、值班监视、预测预报和抗旱服务；二是切实抓好水文项目建设管理，重点推进国家地下水监测工程建设，做好中小河流水文监测系统项目建设收尾工作；三是积极推进体制机制改革创新，大力推进水文监测改革，探索建立水文运行长效机制；四是努力拓展水文工作服务领域，加强水资源水生态监测工作，不断推进城市水文工作；五是认真抓好水文业务基础工作，举办好全国水文勘测技能大赛；六是切实加强行业党风廉政建设，强化责任意识，深入学习贯彻《水利行业廉政风险防控手册（水文分册）》，加强廉政风险防控。与会代表听取了防汛抗旱水文测报、水文基础设施建设情况、加快推进水文监测改革、国家地下水监测工程项目等四个方面专题报告；太湖局、北京、内蒙古、安徽、福建、广西、云南、宁夏等流域管理机构和省（自治区、直辖市）水文部门负责人及海委水保局负责人做交流发言，内容丰富、各俱特色，具有很强的启发性和借鉴性。本次会议期间还套开了全国水文系统党风廉政建设座谈会。

会后，全国水文系统认真学习贯彻全国水文工作会议精神，结合各地实际，安排部署年度重点任务。吉林、湖南等省组织召开了全省水文工作会议暨党风廉政建设会议，吉林、山西、安徽、广东、四川、青海等省召开全省水文工作会议。各地抓住服务河长制、水生态文明建设、最严格水资源管理等工作切入点，深化体制机制改革创新、全面推进水文监测改革，全力以赴、狠抓落实，推进完成年度各项工作，为水利改革和区域经济社会发展发挥了技术支撑保障作用。

二、完善政策法规体系建设

1. 水文行政许可事项进一步规范

按照国务院依法推进简政放权、放管结合、优化服务改革等要求，2017 年 3 月 1 日，《国务院关于修改和废止部分行政法规的决定》（国务院令第 676 号）颁布，删去《中华人民共和国水文条例》第二十四条第二款第二项中的"并经考试合格"，完成了"水文、水资源调查评价上岗资格"等职业资格许可事项取消后的政策衔接工作。

淮委和河北省、辽宁省、云南省、重庆市等结合工作实际，积极落实水文行政许可事项管理职责，规范审批流程，对"专用水文测站的审批"和"国家基本水文测站上下游建设影响水文监测工程的审批"2 项行政许可事项的审批服务指南和工作流程进一步修订和完善，做到行政审批规范化和标准化。广西壮族自治区按照有关行政审批事项信息公开要求编制并公开了"国家基本水文测站设立和调整审批""国家基本水文测站上下游建设影响水文监测工程的审批""专用水文测站的审批"等3个行政审批事项办事指南和操作规范，明确各流程的办结时限，为水行政审批事项做好规范服务工作。

一年来，水利部完成对长江委、黑龙江省、山西省等4项水文行政许可事项，受理审批13处国家基本水文测站的设立和调整。各流域机构加强水行政许可审批工作，全年受理和审批国家基本水文测站上下游建设影响水文监测工程的审批事项18项，其中，长江委关于长江航运公安局岳阳分局警备基地码头工程建设对水文监测影响等2项，黄委关于台辉高速公路豫鲁界至范县段黄河特大桥建设工程、内蒙古汇能煤化工有限公司煤制天然气配套水源地供水工程项目水力自控翻板闸（坝）建设、垣渑高速公路黄河特大桥建设工程、天水市秦州区籍河生态公园人行景观桥工程对水文监测影响等15项，珠江委关于珠海洪湾中心渔港工程建设对挂定角水文站影响1项；海委受理审批专用水文测站的设立和调整事项1项。各省（自治区、直辖市）逐步推进规范地方水行政许可审批，加强水文测站报批报备工作。安徽省对涡河、淮河干流航道整治工程影响水文监测进行了论证和审批，贵州省对旁海航电枢纽工程淹没湾水水文站组织专家进行审查后下达行政许可批复文件，依法维护了水文测报环境。陕西省依法行政，对东庄水库枢纽工程建设有限责任公司设立的东庄水利枢纽出库水文站和中心水文站出具了许可决定书。江苏、浙江、山东、甘肃、青海、新疆等省（自治区）24个水文测站的设立和调整得到各地水行政主管部门的批复并报水利部备案管理。

2. 水利部行政审批受理中心运行良好

2017年，按照国务院关于规范行政审批行为改进行政审批工作的决策部署，水利部开展行政审批监管平台建设工作。至12月底，水利部行政审批监管平台开发完成并成功部署到部本级和7个流域机构，"水利部网上行政审批服务大厅"正式上线运行，水利部本级和各流域机构共 22 项行政审批事项实现全流程网上办理，进行全流程监管。

水利部行政审批监管平台依托水利部内外网平台，将水利部机关和流域管理机构的各项行政审批业务流程定制到系统平台中，统一了技术标准，统一了服务要求，统一了网上审批事项的页面设计和版面风格，形成水利部"一站式"网上办事服务。平台主要包括在线申请、窗口受理、行政审批、实物流转、监控管理、移动 APP 等功能，同时实现与国家投资项目在线审批监管平台、综合办公系统、内外网交换系统、短信平台等相关应用系统的接口对接工作，落实了国务院协同审批、资源共享的统一要求。申请人可通过水利门户网站进入"水利部网上行政审批服务大厅"页面，实现统一入口申请、统一出口查询，推进了水利部和流域机构行政审批工作的信息化、规范化。

2017 年，水利部（本级和流域管理机构）共受理 2005 件行政审批事项，办结 1840 件；其中水利部本级受理 1264 件行政审批事项，办结 1277 件，均在法定时限内完成，申请人满意度 100%。陈雷部长慰问水利部行政审批受理中心见图 2-1。

图 2-1 陈雷部长慰问水利部行政审批受理中心

3. 参与水行政执法力度得到加强

全国水文系统持续推进《中华人民共和国水文条例》的贯彻落实，积极开展水文法制宣传，依法维护水文合法权益，保护水文监测环境和水文设施。长江委、黄委、淮委、珠江委、松辽委、北京、天津、河北、辽宁、安徽、江西、西藏、甘肃、青海等14个流域及省（自治区、直辖市）水文部门由各水行政主管部门授权开展水行政执法工作，保障水文监测工作的正常开展和水文站网的稳定发展，提升水文社会地位。

2017年，淮委水文监察支队在淮委水政监察总队的领导下，结合水文基建项目共开展了30次水行政执法巡查，出动人员78人次，并将巡查情况及时报送淮河水利委员会。珠江委水文监察支队按照工作安排，共开展了5次水行政执法巡查，出动人员15人次，对珠江委直接管理的天河站等23个水文（水位）站开展水政执法巡查，维护水文监测正常秩序。太湖局对直接管理的25处水文站、水质自动监测站（图2-2）的监测设施及监测环境保护范围进行执法检查，共排查违规停靠船只、设置渔具等违法情形10起，并按照相关执法职责，会同地方水行政主管部门依法处置排查发现的违法情形。

图 2-2 太湖局流量水质同步在线预警监测站点

松辽委黑龙江上游水政支队制定了《水行政执法巡查制度》和《水行政执法巡查方案》，2017年共开展了12次执法巡查，行程4500多公里，对各水文站进行全面系统的核查，依法保护重要水文设施。如，洛古河水文站水文设施受洛古河堤防工程建设影响遭受破坏，经黑龙江上游水政支队与工程建设管理单位漠河县水务局沟通后，明确由工程建设管理单位限时完成洛古河水文站水文设施修复工作（图2-3~图2-6）。2017年8—10月，工程建设单位按要求完成了水文基础设施复建，水文测站的合法权益得以保护。浙江省依据《浙江省水利厅关于在水利工程前期中加强水文设施保护等有关工作的通知》（浙水计〔2017〕26号），对涉水工程可能影响水文测站及区域的站网布设提出意见，有效避免或减轻了对水文监测环境的影响，2017年共妥善处置10余件工程建设影响水文测报的水行政事件，成功维护了水文部门的合法权益。江西省建立了水文执法巡查制度，有力打击和防范河道乱采乱挖、破坏水文设备设施和监测环境现象发生，水文监测设备设施和监测环境得到有效的保护。陕西省制定出台了《陕西省水文水资源勘测局河库执法检查实施方案》。

图2-3　洛古河水准点被毁现场　　　　图2-4　洛古河水准点现场修复中

图 2-5　洛古河站水准点修复前　　　　　图 2-6　洛古河站水准点修复后

4. 水文法规及制度建设不断完善

各地水文部门加快完善水文法规及制度建设。2017 年新疆维吾尔自治区积极推进水文立法进程，经自治区第十二届人民政府第 52 次常务会议讨论通过了《新疆维吾尔自治区水文管理办法》，于 7 月 5 日以自治区令第 206 号颁布实施。截至 2017 年年底，全国 26 个省（自治区、直辖市）出台了省级水文法规或政府规章。安徽、江西、云南、西藏、陕西等省（自治区）已启动地方水文条例或水文管理办法的修订工作。此外，山东省济宁市和潍坊市先后出台水文管理办法，日照市和泰安市水文管理办法已分别列入 2018 年地方立法计划，全省水文行业管理工作进一步规范。

为适应新的形势任务需要，加强水文业务经费管理，科学合理编制水文业务经费预算，提高资金使用效益，水利部修订完成《水文业务经费定额标准（2017 版）》，于 2017 年 10 月颁布实施。各地相关政策文件也在不断配套出台，2017 年相继出台了《江苏省专用水文测站管理办法》《浙江省水文测站运行管理规程》《四川省水文事业单位专用资产配置标准》《河南省水文条例水行政处罚裁量标准》等，截至 2017 年年底，26 个省（自治区、直辖市）制定出台了水文相关政策文件（表 2-1）。

表2-1　地方水文政策法规建设情况表

省（自治区、直辖市）	行政法规		政府规章	
	名　称	出台时间（年-月）	名　称	出台时间（年-月）
河北	《河北省水文管理条例》	2002-11		
辽宁	《辽宁省水文条例》	2011-10		
吉林	《吉林省水文条例》	2015-07		
黑龙江			《黑龙江省水文管理办法》	2011-08
上海			《上海市水文管理办法》	2012-05
江苏	《江苏省水文条例》	2009-01		
浙江	《浙江省水文管理条例》	2013-05		
安徽	《安徽省水文条例》	2010-08		
福建			《福建省水文管理办法》	2014-09
江西			《江西省水文管理办法》	2014-04
山东			《山东省水文管理办法》	2015-07
河南	《河南省水文条例》	2005-05		
湖北			《湖北省水文管理办法》	2010-05
湖南	《湖南省水文条例》	2006-09		
广东	《广东省水文条例》	2012-11		
广西	《广西壮族自治区水文条例》	2007-11		
四川			《四川省〈中华人民共和国水文条例〉实施办法》	2010-01
重庆	《重庆市水文条例》	2009-09		
贵州			《贵州省水文管理办法》	2009-12
云南	《云南省水文条例》	2010-03		
西藏			《西藏自治区水文管理办法》	2009-11
甘肃			《甘肃省水文管理办法》	2012-12
陕西	《陕西省水文管理条例》	2005-06		
青海			《青海省实施〈中华人民共和国水文条例〉办法》	2009-02
宁夏			《宁夏回族自治区实施〈中华人民共和国水文条例〉办法》	2011-09
新疆			《新疆维吾尔自治区水文管理办法》	2017-07

三、创新水文体制机制

1. 水文机构设置现状

2017 年 2 月 6 日，湖北省《省编办关于设立 5 个水文水资源勘测局和优化调整水文系统事业编制的批复》（鄂编办文〔2017〕9 号），批准设立鄂州、天门、潜江、仙桃、神农架林区 5 个地市水文水资源勘测局，实现了全省按行政区划在 17 个市州全部设立水文机构。2017 年 5 月 16 日，《深圳市机构编制委员会关于调整深圳市水质检测中心机构编制事项的批复》（深编〔2017〕26 号）同意将"深圳市水质检测中心"更名为"深圳市水文水质中心"，相应调整中心职责任务，将中心最高行政管理岗位等级由职员六级调整为职员五级，内设机构增到 3 个（实增 1 个），增加 5 名事业编制。2017 年 9 月 25 日，《中共四川省委机构编制委员会关于省水文水资源勘测局机构编制事项的批复》（川编发〔2017〕64 号），同意按照流域与区域结合的原则，在四川全省增设 8 个地市水文水资源勘测局，同时加挂水环境监测分中心牌子，并明确了新增机构的单位性质、级别、职责及人员编制等事项，理顺了四川水文管理体制，为全省水文事业又好又快发展打下了坚实基础（图 2-7）。2017 年 12 月 28 日，《山东省机构编制委员会办公室关于规范各市水文局派驻水文机构的批复》（鲁编办〔2017〕387 号），同意地市水文局在县级按区域统一派驻 75 个水文机构，成立县级水文中心，为地市水文局正科级内设机构，并明确了机构名称、领导职数和主要职责。此外，上海市机构编制委员会《关于同意调整上海市水务局、上海市海洋局所属部分事业单位机关编制的批复》（沪编〔2016〕527 号）及《上海市机构编制委员会关于印发〈上海市水文总站主要职责内设机构和人员编制规定〉的通知》（沪编〔2016〕528 号）明确，上海市水文总站不再挂上海市水环境监测中心、上海市海洋环境监测预报

图 2-7　水利部水文
司蔡建元司长（左二）、
四川省水利厅胡云厅
长（左三）为广元市
水文局成立授牌

中心牌子，经国家认证认可监督管理委员会批复，将原上海市水环境监测中心变更为上海市水文总站。截至 2017 年年底，水文部门按地市级行政区划共设立水文机构 295 个，按区县级行政区划共设立水文机构 532 个，机构设置稳步推进。地市和区县行政区划水文机构设置情况见表 2-2。

全国省级和地市级水文机构规格基本保持不变，共 17 个省级水文机构为副厅级单位或配备副厅级领导干部，其中，内蒙古、吉林、黑龙江、浙江、安徽、江西、山东、河南、湖南、广东、广西、贵州、新疆等省（自治区、直辖市）13 个单位为副厅级，辽宁、湖北、云南、陕西等省 4 个单位为配备副厅级干部；23 个省（自治区、直辖市）地市级水文机构为正处级或副处级单位。

表2-2　地市和区县行政区划水文机构设置情况表

省（自治区、直辖市）	已设立水文单位的地、市		已设立水文单位的区、县	
	数量/个	名　称	数量/个	名　称
北京			3	朝阳区、顺义区、大兴区

续表

省（自治区、直辖市）	已设立水文单位的地、市		已设立水文单位的区、县	
	数量/个	名　称	数量/个	名　称
天津			4	塘沽、大港、屈家店、九王庄
河北	11	石家庄市、保定市、邢台市、邯郸市、沧州市、衡水市、承德市、张家口市、唐山市、秦皇岛市、廊坊市	4	涉县、平山县、井陉县、崇礼县
山西	9	太原市、大同市、阳泉市、长治市、忻州市、吕梁市、晋中市、临汾市、运城市		
内蒙古	11	呼和浩特市、包头市、呼伦贝尔市、兴安盟、通辽市、赤峰市、锡林郭勒盟、乌兰察布市、鄂尔多斯市、巴彦浩特、巴彦淖尔市		
辽宁	14	沈阳市、大连市、鞍山市、抚顺市、本溪市、丹东市、锦州市、营口市、阜新市、辽阳市、铁岭市、朝阳市、盘锦市、葫芦岛市	12	台安县、桓仁县、彰武县、海城市、盘山县、大洼县、盘锦双台子区、盘锦兴隆台区、朝阳喀左县、营口大石桥市、丹东宽甸满族自治县、锦州黑山县
吉林	9	长春市、吉林市、延边市、四平市、通化市、白城市、辽源市、松原市、白山市		
黑龙江	10	哈尔滨市、齐齐哈尔市、牡丹江市、佳木斯市、大庆市、鸡西市、宜春市、黑河市、绥化市、大兴安岭地区		
上海			9	浦东新区、奉贤区、金山区、松江区、闵行区、青浦区、嘉定区、宝山区、崇明县
江苏	13	南京市、无锡市、徐州市、沧州市、苏州市、南通市、连云港市、淮安市、盐城市、扬州市、镇江市、泰州市、宿迁市	26	太仓市、常熟市、盱眙县、涟水县、海安市、如东县、兴化市、宜兴市、江阴市、溧阳市、金坛市、句容市、新沂市、睢宁县、邳州市、丰县、沛县、高邮市、仪征市、阜宁县、响水县、大丰市、泗洪县、沭阳县、赣榆县、东海县

续表

省（自治区、直辖市）	已设立水文单位的地、市		已设立水文单位的区、县	
	数量/个	名 称	数量/个	名 称
浙江	11	杭州市、嘉兴市、湖州市、宁波市、绍兴市、台州市、温州市、丽水市、金华市、衢州市、舟山市	70	余杭区、临安市、萧山区、建德市、富阳市、桐庐县、淳安县、鄞州区、镇海区、北仑区、奉化市、余姚市、慈溪市、宁海县、象山县、瓯海区、龙湾县、瑞安市、苍南县、平阳县、文成县、永嘉县、乐清市、洞头县、泰顺县、德清县、长兴县、安吉县、秀洲区、南湖区、海宁市、海盐县、平湖市、桐乡市、嘉善县、柯桥区、嵊州市、新昌县、上虞市、诸暨市、义乌市、永康市、东阳市、浦江县、武义县、磐安县、江山市、常山县、开化县、龙游县、定海区、普陀区、岱山县、嵊泗县、临海市、三门县、天台县、仙居县、黄岩区、温岭市、玉环县、莲都区、缙云县、庆元县、青田县、云和县、龙泉市、遂昌县、松阳县、景宁县
安徽	10	阜阳市、宿州市、滁州市、蚌埠市、合肥市、六安市、马鞍山市、安庆市、芜湖市、黄山市		
福建	9	抚州市、厦门市、宁德市、莆田市、泉州市、漳州市、龙岩市、三明市、南平市	38	晋安区、永泰县、闽清县、闽侯县、福安市、古田县、屏南县、城厢区、仙游县、南安市、德化县、安溪县、芗城区、平和县、长泰县、龙海市、诏安县、新罗区、长汀县、上杭县、漳平市、永定县、永安市、沙县、建宁县、宁化县、将乐县、大田县、尤溪县、延平区、邵武市、顺昌县、建瓯市、建阳市、武夷山市、松溪县、政和县、浦城县
江西	9	上饶市、景德镇市、南昌市、抚州市、吉安市、赣州市、宜春市、九江市、鄱阳湖区	1	彭泽县
山东	17	滨州市、枣庄市、潍坊市、德州市、淄博市、聊城市、济宁市、烟台市、临沂市、菏泽市、泰安市、青岛市、济南市、莱芜市、威海市、日照市、东营市	75	槐荫区、济阳县、商河县、历城区、长清区、崂山区、黄岛区、胶州市、即墨区、平度市、莱西市、张店区、博山区、高青县、沂源县、薛城区、滕州市、台儿庄区、山亭区、河口区、东营区、广饶县、开发区、牟平区、蓬莱市、莱阳市、招远市、龙口市、奎文区、寿光市、临朐县、峡山区、安丘市、诸城市、任城区、嘉祥县、汶上县、泗水县、邹城市、金乡县、泰山区、东平县、肥城市、新泰市、文登区、荣城市、乳山市、东港区、莒县、五莲县、莱城区、莱城区经开区、兰陵县、莒南县、费县、沂南县、蒙阴县、武城县、乐陵市、临邑县、齐河县、东昌府区、高唐县、莘县、冠县、东阿县、滨城区、阳信县、邹平县、牡丹区、定陶区、巨野县、单县、郓城县

续表

省（自治区、直辖市）	已设立水文单位的地、市		已设立水文单位的区、县	
	数量/个	名　称	数量/个	名　称
河南	18	洛阳市、南阳市、信阳市、驻马店市、平顶山市、漯河市、周口市、许昌市、郑州市、濮阳市、安阳市、商丘市、开封市、新乡市、三门峡市、济源市、焦作市、鹤壁市	37	潢川县、南阳市市辖区、唐河县、新蔡县、上蔡县、舞阳县、太康县、鹿邑县、登封市、商丘市市辖区、永城市、柘城县、济源市、鹤壁市市辖区、南乐县、濮阳市市辖区、范县、焦作市、淮滨县、新县、信阳市主城区、固始县、内乡县、南召县、邓州市、西峡县、驻马店市市辖区、汝南县、周口市市辖区、沈丘县、汝州市、许昌市市辖区、漯河市市辖区、汝阳县、灵宝市、卫辉市、林州市
湖北	17	武汉市、黄石市、襄阳市、鄂州市、十堰市、荆州市、宜昌市、黄冈市、孝感市、咸宁市、随州市、荆门市、恩施州、潜江市、天门市、仙桃市、神龙架林区	52	阳新县、房县、竹山县、夷陵区、当阳市、远安县、五峰县、宜都市、枝江市、枣阳市、保康县、南漳县、谷城市、红安县、麻城市、团风县、新州区、罗田县、浠水县、蕲春县、黄梅县、英山县、武穴市、大梧县、应城市、安陆市、通山县、咸丰市、随县、广水市、孝昌县、云梦县、兴山县、崇阳县、咸安区、通城县、曾都区、洪湖市、松滋市、公安县、江陵县、监利县、荆州区、沙市区、石首市、神农架、丹江口、钟祥市、京山县、汉川市、黄陂区、恩施市
湖南	14	株洲市、张家界市、郴州市、长沙市、岳阳市、怀化市、湘潭市、常德市、永州市、益阳市、娄底市、衡阳市、邵阳市、湘西州	83	湘乡市、双牌县、蓝山县、醴陵县、临醴县、桑植县、祁阳县、桃源县、凤凰县、浏阳市、永顺县、安仁县、宁乡县、石门县、新宁县、保靖县、桂阳县、隆回县、泸溪县、嘉禾县、安化县、溆浦县、江永县、邵阳县、衡山县、桃江县、永州市冷水滩区、芷江县、吉首市、津市市、慈利县、南县、麻阳苗族自治县、澧县、攸县、炎陵县、耒阳市、冷水江市、双峰县、洞口县、沅陵县、会同县、道县、平江、桂东县、常宁市、湘阴县、长沙市城区、长沙县、通道侗族自治县、娄底市城区、涟源市、新化县、龙山县、武陵源区、衡阳市城区、邵阳市城区、衡东县、祁东县、绥宁县、江华县、新田县、宁远县、郴州市城区、资兴市、临武县、怀化市城区、新晃侗族自治县、永定、益阳市城区、临湘市、常德市城区、湘潭县、湘潭市城区、岳阳市城区、株洲市城区、南岳区、汉寿县、衡阳县、衡南县、洪江市、武冈市、邵东县

续表

省（自治区、直辖市）	已设立水文单位的地、市		已设立水文单位的区、县	
	数量/个	名　称	数量/个	名　称
广东	11	广州市、惠州市、肇庆市、韶关市、汕头市、佛山市、江门市、梅州市、湛江市、茂名市、清远市		
广西	12	钦州市、贵港市、梧州市、百色市、玉林市、河池市、桂林市、南宁市、柳州市、来宾市、贺州市、崇左市	76	南宁市（城区）、武鸣区、上林县、隆安县、横县、宾阳县、马山县、柳州市（城区）、柳城县、鹿寨县、三江县、融水县、融安县、桂林市（城区）、临桂区、全州县、兴安县、灌阳县、资源县、灵川县、龙胜县、阳朔县、恭城县、平乐县、荔浦县、永福县、梧州市（城区）、藤县、岑溪市、蒙山县、钦州市（城区）、钦北区、浦北县、灵山县、北海市（城区）、合浦县、防城港市（城区）、东兴市、上思县、贵港市（城区）、桂平市、平南县、玉林市（城区）、容县、北流市、博白县、陆川县、百色市（城区）、凌云县、田林县、西林县、靖西市、那坡县、田东县、贺州市（城区）、昭平县、富川县、河池市（城区）、宜州市、南丹县、天峨县、东兰县、凤山县、罗城到、都安县、巴马县、环江县、来宾市（城区）、忻城县、象州县、武宣县、崇左市（城区）、龙州县、大新县、宁明、扶绥
四川	18	成都市、德阳市、绵阳市、内江市、南充市、达州市、雅安市、阿坝州、凉山州、眉山市、广元市、遂宁市、宜宾市、泸州市、广安市、巴中市、甘孜市、乐山市		
重庆			39	渝中区、江北区、南岸区、沙坪坝区、九龙坡区、大渡口区、渝北区、巴南区、北碚区、万州区、黔江区、永川区、涪陵区、长寿区、江津区、合川区、万盛区、南川区、荣昌县、大足县、璧山县、铜梁县、潼南县、綦江县、开县、云阳县、梁平县、垫江县、忠县、丰都县、奉节县、巫山县、巫溪县、城口县、武隆县、石柱县、秀山县、酉阳县、彭水县
贵州	9	贵阳市、遵义市、安顺市、毕节市、铜仁市、黔东南州、黔南州、黔西南州、六盘水市		
云南	14	曲靖市、玉溪市、楚雄州、普洱市、西双版纳州、昆明市、红河州、德宏州、昭通市、丽江市、大理州、文山州、保山市、临沧市		

省（自治区、直辖市）	已设立水文单位的地、市		已设立水文单位的区、县	
	数量/个	名 称	数量/个	名 称
西藏	7	阿里地区、林芝地区、日喀则地区、山南地区、拉萨市、那曲地区、昌都地区		
陕西	7	榆林市、西安市、宝鸡市、汉中市、安康市、商洛市、咸阳市	3	志丹县、华阴市、韩城市
甘肃	10	白银市、嘉峪关市、张掖市、金昌市、天水市、平凉市、庆阳市、陇南市、兰州市、临夏州		
青海	6	西宁市、海东市、玉树州、海南藏族自治州、海西蒙古族藏族自治州		
宁夏	5	银川市、石嘴山市、吴忠市、固原市、中卫市		
新疆	14	乌鲁木齐市、石河子市、吐鲁番地区、哈密地区、和田地区、阿克苏地区、喀什地区、塔城地区、阿勒泰地区、克孜勒苏柯尔克孜州、巴音郭楞区、昌吉州、博尔塔拉州、伊犁州		
合计	295		532	

2. 水文双重管理情况

为满足地方经济社会快速发展对水文工作需求的不断增长，各地水文部门持续推进水文双重管理体制建设。2017 年，江西省九江市彭泽县编办批复同意成立彭泽县水文局，明确县水文局为县水利局所属公益一类事业单位，实行九江市水文局和彭泽县人民政府双重管理体制，标志着江西省县域水文机构建设迈出了新的一步。湖北省恩施市编办批复同意成立恩施市水文局，实行恩施州水文水资源勘测局和恩施市人民政府双重管理体制。截至目前，北京、天津、河北、辽宁、上海、江苏、浙江、福建、江西、山东、河南、湖北、湖南、广西、重庆、陕西等 16 个省（自治区、直辖市）共设立 532 个县级水文机构（其中 346 个由各级编办批复），实行水文双重管理的有 334 个。

2017 年湖北新增仙桃市水文机构，其水文工作实行由省级水行政主管部门和地市级人民政府双重管理体制。目前全国 295 个地市水文机构中有 141 个实行双重管理。河北、内蒙古、辽宁、吉林、江苏、浙江、福建、山东、河南、湖北、湖南、贵州、西藏、宁夏、新疆等 15 个省（自治区）实现按照地市行政区划设置地市水文机构。

3. 事业单位分类改革进展

2017 年，广东省以粤机编办发〔2017〕110 号明确省水文局和地市分局为公益一类事业单位，承担水文站网建设与规划、水文监测与预报、水资源调查评价等工作职责。目前，除辽宁、吉林、江苏、重庆、青海和宁夏 6 省（自治区、直辖市）外，全国 25 个省（自治区、直辖市）机构编制办公室或事业单位改革领导小组办公室正式批复了水文机构分类改革方案，均明确为公益一类事业单位。其中除重庆市外，内蒙古、上海、安徽、福建、江西、湖北、湖南、广东、广西、贵州、新疆等 11 个省（自治区、直辖市）的水文机构参照公务员管理，分类改革方案均已批复为公益一类事业单位。

4. 基层水文服务体系建设

2017 年 8 月，太湖局批复同意太湖局水文局增设 1 个二级非独立法人业务机构（正处级）浙闽皖水文水资源监测中心、同意太湖局水文局直属事业单位太湖流域水文水资源监测中心（太湖流域水环境监测中心）增设 1 个三级非独立法人业务机构青浦水文水资源监测分中心，进一步加强了太湖局水文局基层水文服务能力建设，推进太湖流域水文事业向前发展。

山东省根据水文改革发展新形势新要求，积极推进县以下水利与水文融合发展，协调省编办、水利厅到水文基层专题调研，就建设 75 个县级水文机构达成共识并得到批复，目前山东省水文局正在研究制定县级水文中心的组建方案。山东省县级水文机构的"一揽子"批复和规范化建设，使"省、市、县、乡、村"五位一体的水文管理服务体系建设逐步健全完善、运行更加规范高效。

四、水文经费投入

近年来，水文在经济社会发展中基础性服务功能不断增强，水文工作得到了各级政府和社会各界的高度关注和大力支持，中央和地方政府对水文投入力度加大，为加强水文基础设施建设、推广应用先进仪器设备、提高水文测报能力提供了重要保障，水文现代化建设和水文业务工作稳步前行。

2017年，全国水文系统各项经费投入总额为799401万元（年底决算数），较上一年增加43419万元。其中事业经费701768万元、基建经费88868万元、外部门专项任务费等其他经费8765万元（图2-8）。在经费投入总额中，中央投资139623万元，约占17%；地方投资659778万元，约占83%。随着水文工作服务地方逐步深入，地方投资在全国水文经费投入中的比重逐年加大，与此同时，各省（自治区、直辖市）水文事业经费也实现了持续稳定增长（图2-9）。

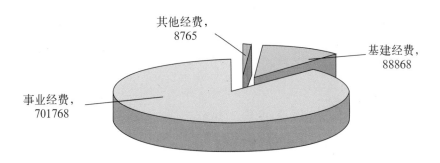

图 2-8　2017 年全国水文经费总额构成图（单位：万元）

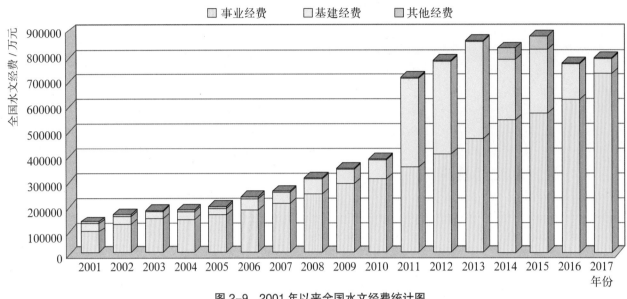

图 2-9　2001 年以来全国水文经费统计图

全国水文事业经费 701768 万元，较上一年增加 94460 万元，增长近 16%。其中，中央水文事业经费投入 105402 万元，较上一年增加 1803 万元；地方水文事业经费投入 596366 万元，较上一年增加 92627 万元，增长 18%。地区（市县）对水文的投入为 48521 万元，较上一年增加 25842 万元。

随着中小河流水文监测系统等项目建设完成，水文基建经费投入规模逐步回落。全国水文基本建设投入 88868 万元，建设投资较上一年减少 56615 万元。其中，中央水文基本建设投入 34221 万元，较上一年增加 24%；地方水文基本建设投入 54647 万元，较上一年减少 54%。

五、国际交流与合作

2017 年，全国水文系统按照年度工作计划和水文业务需求积极开展多边、双边水文国际合作与交流活动，推进国际河流水文合作，取得了良好成效。

1. 积极参与国际会议和重大水事活动

为进一步提升我国洪水早期预报预警技术水平，学习借鉴美国洪水早期预报预警新技术方面先进经验，经国家外国专家局批准，2017 年水利部水文局组织"洪水早期预报预警新技术培训"团，各流域管理机构和南京水利科学研究院等单位 11 名技术人员，赴美国进行了为期 14 天的学习和考察培训（图 2-10）。通过培训交流，对美国在早期洪水预警预报技术、管理制度、工作流程等方面有了较为全面的认识，详细了解了美国洪水预警预报业务的发展史、当前现状、最新动态等。

各地水文部门围绕水文测报、水文监测、水资源管理等方面，加强国际交流与项目合作。2017 年 11 月，黄委与来访的奥地利 SOMMER 环境测验公司总裁 Wolfram Sommer 一行开展技术交流（图 2-11），就非接触式雷达测流技术、示踪法测流、高海拔地区雪量监测以及仪器设备在使用中出现的问题等进行了深入交流和探讨，双方同意在水文测验仪器研发、专业技术人员培训及能力建设等方面开展更加深入的合作，共同促进水文监测技术的发展。海委继续深化中法、中德技术交流，分别在 9 月于北京召开的世界环境大会和 10 月于南京召开的第二届水安全与可持续发展国际工程科技发展战略高端论坛中德气候变化边会上做技术交流报告，介绍最新应用研究成果，为水文行业赢得了声誉。太湖局继续在流式细胞仪藻类在线监测预警系统在线运行、成果分析等方面与荷兰水管理 Thomas 公司加强技术交流，完善数据分析软件，推进藻类在线监测自动分类，保证系统稳定运行，推进在蓝藻水华预测模型方面与荷方的进一步合作；太湖局继续开展中芬合作基于水资源综合管理的湖泊生态修复项目研究，对太湖流域水环境监测的站点布设、监测指标与频次、监测结果应用情况以及评价方法、评价指标及阈值等进行了梳理，为下阶段对比分析太湖和皮海湖的监测及评价体系做好了准备。2017 年 10 月，北京市就 pH、电导率、色度、悬浮物、氨氮、总磷、COD 等监测项目对老挝万象友好城市水环境管理技术人员在京进行培训（图 2-12），加深了两国水质监测工作的了解，也为主动服务

"一带一路"建设起到了积极的作用。辽宁省根据中丹行业合作计划（SSC项目），派员赴丹麦奥尔堡和哥本哈根进行了实地考察和技术交流，重点就地下水资源规划评价、开发利用、水源保护和管理、城市雨洪灾害治理、海绵城市规划建设、基础地理和地下水数据共享模式等工作进行了考察学习，为最严格水资源管理工作提供支撑。广东省派员到芬兰参加第五届中欧水资源交流平台年度高层对话会科研交流分会，并在会上就广东城市水文工作（包括城市内涝监测预警等）进行了交流发言。

图 2-10 "洪水早期预报预警新技术培训"互动课堂

图 2-11 黄委与奥地利 SOMMER 环境测验公司开展技术交流

图 2-12 北京 - 万象友好城市水环境管理技术人员培训班

2.稳步推进国际河流水文合作

2017 年，国际河流水文工作进一步加强，交流与合作不断推进。一年来，我国同俄罗斯、哈萨克斯坦、蒙古、朝鲜、越南、孟加拉和湄公河委员会等周边国家和国际组织围绕国际河流水文报汛、水文资料交换与对比分析、水资源评价、水文过境测流、水文站考察和业务交流等方面，开展了一系列卓有成效的工作。5 月，新疆额尔齐斯河发生大洪水期间，自治区水文局及时启动对哈应急报汛，每日 2 段次对哈提供报汛信息；随后还组织开展了伊犁河、额尔齐斯河上下游水文资料对比分析，召开中哈水文联合技术研讨会，继续开展"中哈跨界河流全流域水资源评价"等专题研究。积极协调中俄边防部门，组织开展额尔古纳河、黑龙江干流等界河的水文过境测流等。按照国际河流报汛协议，各相关省份完成年度国际水文报汛任务和水文信息交换工作，为发展我国同周边国家睦邻友好关系做出了积极贡献。

六、水文行业宣传

2017 年，全国水文系统以深入贯彻落实党的十九大为主线，努力提高舆论引导水平，加强水文行业宣传、提升水文行业形象，为推动水文事业发展营造良好舆论氛围。

1. 强化宣传制度建设

长江委在网上开辟了"水文局学习宣传贯彻党的十九大精神"专题，集中宣传水文局所属各单位学习宣传贯彻党的十九大精神的工作情况。及时做好长江水文网改版和长江水文微信公众号应用等工作，先后组织开展了栏目设计、内容更新和信息发布平台等专题讨论和培训活动。松辽委严格执行《松辽委门户网站信息发布管理办法》，组织完成了松辽水利网、松辽委政务公开网、行政许可网、松辽流域水文信息网和各专题特色栏目全年的日常维护，完成了各类信息的采集、编辑与发布及政务内网信息同步更新工作，保证上网信息的及时性和准确性。北京市年初修订了《宣传报道管理办法》，明确了目标考核和奖惩措施，制定了 2017 年水文宣传工作计划，落实宣传经费和工作重点。天津市印发了《水文水资源中心 2017 年度信息报送计划》《2017 年水文水资源中心信息报送宣传情况统计台账》《水文水资源中心关于网络舆论引导工作办法》，对宣传工作提出具体要求，印发《水文水资源中心关于加强舆论安全工作的通知》《水文水资源中心关于设立网络评论员的通知》《关于切实加强突发事件信息报送工作的紧急通知》，进一步做好突发事件新闻宣传及信息报送工作。江西省印发《2017 年全省水文宣传工作要点》，全面部署 2017 年水文宣传工作，并明确了 7 个方面的宣传重点。广东省高度重视水文宣传工作，11 个水文分局都相应成立了领导小组，制定宣传方案，实行通报制度，每季度通过办公自动化系统通报各分局、处室的宣传信息发布量，鼓励先进。加强门户网站规范化管理，通过加大信息发布和政策解读力度，做到网站信息天天更新，全年上网水文信息达 1100 多条。

2. 开展主题宣传活动

长江委积极做好第六届全国水文勘测大赛的宣传工作，通过"关注全国水文勘测大赛"网上专题，加强对大赛获奖选手的宣传。先后组织编写发表《精准测报 逐"峰"而行——长江水文迎战"长江 2017 年第 1 号洪水"综述》《水文"侦察兵"全力服务排污口核查》等文章，开办"视觉水文·随手拍——长江水文扎实做好汛前准备"等专题，重点宣传长江水文的防汛测报工作。各地水文部门还利用"世界水日""中国水周"积极开展形式多样的主题宣传活动。黄委水文局联合济源市水利局等 7 家单位在济源市中心广场开展了"全面推行河长制，依法保护水文设施"的主题宣传活动（图 2-13），热情地为过往市民发放水法规宣传册、宣传彩页、节水宣传袋等资料，耐心地给群众讲解水知识、水法规，数千群众参加，济源电视台播出了现场实况，收到良好效果。松辽委开展以"全面落实企业安全生产主体责任"为主题的2017 年"安全生产活动月"宣传活动，制作展板 6 块，条幅 9 个，并完成《松辽流域全面推行河长制》《松辽流域 2017 年防汛抗旱专题》等专题网页的制作和发布及调整维护工作。北京市积极贯彻落实《中华人民共和国水文条例》，重新梳理水行政权力清单，组织开展水文普法宣传，发放各类宣传材料 2000 余份，引导市民依法保护水文设施。广东省大力宣传和弘扬水文工匠精神，联手《广东党建》及广东省作家协会开展水文先进典型宣传，遴选

图 2-13 "全面推行河长制，依法保护水文设施"的主题宣传活动

出有坚守孤岛观测 40 多年的模范共产党员、敢于担当勇于奉献的全国"五一"劳动奖章获得者、追求工匠精神的省技术能手、获得国家发明专利证书的水文科技人才、不忘初心扎根基层的"老黄牛"以及守护东江安澜 40 载的江河哨兵等八位最美水文人，将他们的事迹汇编成册，编辑出版《南粤水文人》一书，传递社会正能量。海南省水文局在水务厅组织下，联合省水土保持监测总站、水土保持学会、水文水资源学会等，共同在海口市万绿园万人广场举行"世界水日""中国水周"主题宣传活动，向社会公众宣传"落实绿色发展理念，全面推行河长制"，介绍有关节约用水等方面的知识，积极营造爱水、节水、护水的良好社会风尚。

3.丰富媒体宣传

长江委充分利用长江水文网、长江水文微信公众号、长江水文 APP 等行业内外主流媒体，加强行业宣传，开展了"身边的大国工匠 测绘地理信息篇"学习人选郭志金、长江委第二届"最美一线职工"张斌等身边的先进人物的宣传。太湖局在《中国水利报》《水与中国》等报刊杂志上发表了《太湖局街口水文站 春节变"春忙"》《高温坚守 监测不怠——太湖流域水文水资源监测中心全力保障流域供水安全》《文武双全展风采——太湖流域 2017 年水文勘测技能竞赛侧记》《9 天防汛演练提升应急反应能力》《脚踏实地 护太湖安澜——记太湖流域管理局水文局（信息中心）武剑》等新闻宣传稿，深入记录了水文职工日夜监视太湖流域雨水情、准确开展预测预报、为防洪决策提供及时可靠依据的事迹。北京市在水文总站内网发布信息 348 篇、水务局信息平台 142 篇、"水润京华"11 篇、《北京水务报》11 篇、《中国水利报》2 篇，《人民日报》《北京日报》《北京晚报》各 1 篇，其中《北京日报》报道了水生态监测工作情况，《中国水利报》专题报道了服务首都防汛安全和城市水环境治理成效；创新宣传形式，通过手机直播的形式推出了网络直播节目《水文在您身边》，直播当日就吸引了 844 人观看。河北省拍摄的《水文监测小助手》宣传短片参加了《厉害了 我的国》栏目展播，分别在中央电视台二套《经济信息联播》和《第一时间》中播出，大大提升了水文行业的影响力，在水文系统引起强烈反响。

七、精神文明建设

2017 年，全国水文系统深入学习贯彻十九大精神，广泛开展了多种内容形式的精神文明创建和水文文化建设等活动，实现了业务工作和精神文明的互动双赢，为水文事业更好更快的发展提供强有力的思想保障和精神动力。

1. 深入学习贯彻党的十九大精神

全国水文系统认真学习贯彻党的十九大和习近平总书记系列重要讲话精神，组织开展了一系列宣讲、培训等活动。通过加强党的组织建设，严格落实"三会一课"制度，将"两学一做"专题学习教育常态化制度化，各基层党组织还开展了内容丰富的学习和活动，收到良好的效果。

水利部水文局先后举办党委中心组十九大精神扩大学习班、《习近平谈治国理政第二卷》学习会；邀请国家行政学院王茹教授为全体干部职工做专题讲座，将领导干部学习体会编印成册。各地水文部门通过举办专题学习班、系列报告会、知识竞赛、网上答题、主题征文等活动，组织开展了形式多样、内容丰富的学习活动。黄委组织全体水文干部职工 1000 余人同步观看了党的十九大开幕会盛况，邀请中国社会科学院研究室主任姜卫平做专题辅导讲座，并建立党组中心组学习微信群，及时发布党的十九大精神学习相关内容。辽宁省邀请省委党校荣宏庆和省直机关工委党校窦胜功老师为全省水文干部职工宣讲十九大精神（图 2-14）。福建省结合水文工作实际，把学习贯彻十九大精神与全面完成年度目标任务结合起来，加快推进重点项目建设，推动全省水文事业新发展。广东省通过学习贯彻党的十九大精神，营造风清气正干事创业氛围，提振干部职工精气面貌。西藏自治区制定了《水文局学习宣传贯彻党的十九大精神的方案》，组织观看警示教育片《贪欲·黑洞——黄羽天违纪违法案件》，对关键岗位"党支部书记"学习十九大精神进行重点部署。

图2-14　辽宁省水文局十九大精神宣讲

2.大力开展精神文明创建

全国水文系统围绕水文改革发展大局，不断丰富精神文明创建的内容、形式、方法，推进开展精神文明创建活动，全面提升水文行业精神文明建设水平。

各地深入开展守信、守法教育，以争做文明职工、文明家庭、青年文明号、文明水文站、文明处室、文明单位等为载体，开展群众性精神文明创建活动。长江委水文局、黄委宁蒙水文局被中央文明委授予"全国文明单位"；福建省、山东省青岛市、湖北省、湖南省株洲市、云南省红河自治州、云南省西双版纳自治州、海南省、青海省等6家水文单位获"第八届全国水利文明单位"称号；江西省、浙江省、湖南省常德市、山东省济宁市等多个水文单位获省级文明单位或省直机关文明单位称号；湖南省加义水文站荣获"全国工人先锋号"；黄委水文局团委获共青团河南省委"五星级团组织"荣誉称号；太湖局水文局水文水资源处（水情处）获评 2017 年上海市巾帼文明岗，水情处分析评价科获评上海市青年文明号；杭州市水文水资源监测总站被授予"杭州市先进职工之家"及杭州市青年文明号等荣誉称号；海南省水文局水资源科荣获"水利部全国水资源工作先进集体"；吉林省水文分局荣获省委省政府抗洪抢险表彰集体一等功，吉林省水文局水情处荣获集体二等功；陕西省水文水资源勘测局获 2016—2017 年全省防汛抗旱先进集体称号；陕西省绥德水文站获省级先进集体称号；天津市水文局获全国青年志愿服务示范项目创建活动特别奖；"湖南水文"微信公众号获"2016—2017 湖南民生服务影响力微信奖"；海南省水文局以全国三八红旗手钱成的先进事迹拍摄的微视频《把青春编织在流水的纹理中》，荣获省基层理论宣讲微视频大赛二等奖（图 2-15）。

图 2-15　2017 年海南省基层理论宣讲微视频大赛荣誉证书

随着精神文明建设的不断深入，全国水文系统涌现出许多先进典型。水利部水文水资源监测预报中心（水利部信息中心）程琳被授予"全国三八红旗手"，长江委水文局郭志金入选中国能源化学地质行业"大国工匠"，珠江委水文局"张荧劳模创新工作室"获"广东省工业系统劳模和工匠人才创新工作室"，太湖局水文局武剑获上海市青年岗位能手称号，河北的李杰、浙江的姬战生、安徽的夏中华、河南的徐新龙、湖南的关向婷、西藏的普准玛等水文职工分获各省（自治区）"五一劳动奖章"，江苏的陈磊、陕西的马锋、浙江的姬战生等水文职工分获各省"最美水利人""最美治水人"等荣誉称号；松辽委水文职工冯艳荣获吉林省抗洪抢险个人三等功；江苏水文职工张云入选 2017 江苏好青年百人榜；福建省水文局王晓昇、漳州水文分局聂茹被省委省政府授予"厦门会晤筹备和服务保障先进个人"。

3. 不断加强水文文化建设

长江委编制了《文明创建促和谐 凝心聚力谋发展——长江委水文局发展巡礼》和社会主义核心价值观学习宣传专题片，并制作宣传画册；收集整理首届青年论坛优秀文章在《中国水利》杂志 2017 年第 19 期发表，内容涉及新形势下长江水文改革与发展的思考、单位文化建设的实践与探索、安全生产管理的主要做法、智慧水文的构建、信息化建设、财务管理和基层水文管理等方面。黄委编写出版《九曲风铃》一书，集中展示了黄河水文文化成果。珠江委组织举办以"绿色珠江梦 青年在行动"为主题的第四届青年讲坛；监制《南国水卫士——记珠江委水文站网与监测》水文业务视频宣传片，监制党务视频《诗和远方》参加第十四届全国党员教育电视片观摩交流活动。江苏省打造水文志愿服务品牌，在"世界水日""中国水周"，组织全系统团员青年运用电子宣传屏、网络、报刊等媒体，深入广场、社区、学校等，开展水资源、水环境公益宣传。福建省编写水文保障金砖会晤专题画册、2016 年水文纪实画册，组织精心制作的"凝心聚力勇前行，巡测江河保安澜"福建水文工作纪实展板被选送参加省厅"献礼十九大，水利立新功"风采展。

第三部分

规 划 与 建 设 篇

2017 年，全国水文系统加强规划编制工作，不断完善规划体系，统筹推进规划实施，认真做好项目前期工作，储备了一批建设项目，加快推进各类项目实施，加强项目建设管理，水文基础设施建设取得成效。

一、规划和前期工作

1. 加强水文规划编制工作

全国规划方面，水利部水文局开展了《全国水文基础设施建设规划（2013—2020 年）》修编工作，组织各流域机构和省（自治区、直辖市）水文部门开展辖区范围规划实施情况总结评价工作，对规划项目进行逐项梳理，结合项目实施必要性、建设条件和经济社会发展对水文基础设施建设的新需求，提出拟暂缓实施项目、继续实施项目和增补项目等规划调整方案。在此基础上，会同各流域机构水文局以流域片为单元，进行逐项梳理和汇总审核，编制完成规划修编稿。2017 年 11 月，水利部以办规计函〔2017〕1429 号文商请国家发展改革委开展《全国水文基础设施建设规划（2013—2020 年）》实施情况评估。

地方规划方面，水文部门在配合完成《全国水文基础设施建设规划（2013—2020 年）》修编工作基础上，同步开展了地方水文发展规划的修编工作。河北省编制完成《河北省水文事业发展规划》和《河北省"十三五"水文基础设施建设规划》修编稿，其中《河北省"十三五"水文基础设施建设规划》得到河北省水利厅批复（图 3-1）；内蒙古自治区、黑龙江省、浙江省、新疆维吾尔自治区等完成《水文事业发展规划》或《"十三五"水文基础设施建设规划》修编工作。

各地水文部门根据经济社会发展需求和水文事业发展实际，组织开展了一批综合规划和专项规划的编制，取得了丰硕的成果。长江委水文局牵头完成了综合站网规划实施方案的编制工作，配合长江委规计局完成了长江流域片流域管理水利综合监测站网管理办法的制定工作并正式印发，并依托该规划，

图 3-1　河北省水利厅批复《河北省"十三五"水文基础设施建设规划》

编制完成了《加强长江流域控制断面监督管理工作方案》。黄委组织开展《黄河水文发展规划》编制工作，按照"1+3"的模式，同步启动《水文事业发展规划》《水文经济发展规划》和《水文文化发展规划》3 个专项规划编制工作。河北省完成《河北省雄安新区水文专项建设规划》编制和《河北省潮水位站网规划》站点布局，河北省土壤墒情规划需求调查等专题工作；吉林省编制完成《吉林省水文现代化规划（2017—2030 年）》（征求意见稿）；江苏省编制完成《江苏水文"十三五"发展规划》；浙江省完成《潮水位站网规划》（浙江省）、《墒情监测站建设调整方案（2017—2020）》（浙江省）编制工作；安徽省编制完成《巢湖流域水文工作方案》审查稿，提交省水利厅审查；江西省编制完成《江西省水文事业发展规划》《江西省水文站网规划》并报省水利厅批复，同时积极推进《江西省水质监测能力建设规划》《江西省水文人才发展规划》《江西省水文科技发展规划》《江西省水文信息化发展规划》的编制工作；西藏自治区编制完成《西藏自治区城市水文试点建设规划》《西藏水环境监测发展规划》；陕西省编制完成《陕西省水文"十三五"规划》《陕西省地下水监测站网建设规划（2017—

2025）》，完成《安康城市水文站网建设规划》。

2.加快推进项目前期工作

2017年上半年，水利部水文局组织召开流域机构水文中央项目前期工作座谈会，对加快项目实施、做好前期工作等进行部署，逐项对各流域机构项目前期工作进展情况进行梳理和研讨，加快推进项目前期工作进度，保障前期工作成果质量。一是针对大江大河水文监测系统建设工程，协调配合中国国际工程咨询有限公司完成中央直属的《大江大河水文监测系统建设工程（一期）可行性研究报告》评估工作，2017年4月由国家发展改革委以发改农经〔2017〕688号文批复。同时，组织各流域机构水文局和设计单位编制完成大江大河水文监测系统建设工程（一期）初步设计报告，协调完成水利部报告审查、报批以及国家投资项目评审中心概算审核等项工作，核定投资6.7亿元。二是针对省界断面水资源监测站网建设，依据《全国水文基础设施建设规划（2013—2020年）》《全国省际河流省界水资源监测断面名录》和《省界断面水资源监测站网建设总体方案》，组织各流域机构水文局完成实行水量分配53条跨省江河所需建设的全部省界断面新建站点项目前期工作并安排实施。三是针对水资源监测能力建设工程，组织编制完成中央直属的《水资源监测能力建设工程可行性研究报告》并报水利部审批。

各地水文部门按照统一部署和要求，持续推进大江大河水文监测系统建设工程、水资源监测能力建设工程、跨界河流水文站网第三期建设工程、水文实验站建设等地方项目前期工作。截至2017年年底，31个省（自治区、直辖市）和新疆生产建设兵团的《大江大河水文监测系统建设工程》均得到批复，其中新疆自治区和生产建设兵团的建设项目得到自治区发展改革部门的批复；24个省（自治区、直辖市）《水资源监测能力建设工程》得到批复，其中云南、河北、江西等省建设项目在2017年得到批复；8个省（自治区）《跨界河流水文站网第三期建设工程》得到批复，其中广西壮族自治区建设项目在 2017 年得到批复；10 个省（自治区、直辖市）《水文实验站建设》得到批复，其中江西、广西、四川、西藏、新疆等省（自治区）建设项目在 2017 年得到批复。通过积极推动前期工作进展，储备了一批水文建设项目。

二、中央投资计划管理

2017 年，国家发展改革委和水利部下达全国水文基础设施建设投资计划 10.1 亿元（中央 8.4 亿元、地方 1.7 亿元），包括国家地下水监测工程、大江大河水文监测系统、水资源监测能力建设、跨界河流水文站网第三期建设、水文实验站建设等项目。年度项目建设任务涵盖以下内容。①大江大河水文监测系统建设项目，主要涉及 20 个省（自治区、直辖市）水文站及水位站建设、水位站测流能力建设和仪器设备购置等。②水资源监测能力建设项目，主要包括 15 个省（自治区、直辖市）水质站建设、水质监测（分）中心改建及仪器设备购置等。③跨界河流水文站网第三期建设项目，主要包括 5 个省（自治区）和新疆生产建设兵团水文站、水位站、水质自动监测站、水质监测分中心、水情分中心和水文巡测能力建设等。④水文实验站建设项目，主要涉及 5 个省（自治区）新改建水文实验站及仪器设备购置等。省界断面水资源监测站网建设（一期）项目，主要新建流域机构水文站 99 处。⑤国家地下水监测工程，主要开展国家地下水监测中心和信息节点建设、软件开发等。

三、项目建设管理

1. 加强规章制度建设

按照基本建设程序要求，各地结合水文项目建设特点，规范项目建设各个环节，制定和细化项目管理、招标投标、政府采购、财务管理、质量管理、安全生产、档案管理、监督检查等一系列规章制度，进一步落实各项责任，切实加强项目建设管理。长江委重视基本建设档案管理工作，制定颁布《水文局基建项目档案资料收集整理指导书》，对相关要求和清单进行细化和明确，使档案整理更易操作化、流程化；黄委组织制定《水文局水文工程项目法人考核办法（试行）》，强化项目法人责任制监督检查，制定《水文工程建设质量监督暂行办法》和《基建项目质量管理办法》，因地制宜全面开展质量监督工作；广西壮族自治区出台了《自治区水文水资源局机关处室重点岗位权力廉政风险防控清单》《广西水文基础设施建设管理暂行办法》《关于全区水文系统服务业务招标采购"七个不准"的纪律规定》等，在建设准备、建设实施及验收等阶段中，严格按规定要求执行，重点抓招投标、合同签订及执行、建设进度、结（决）算、验收等项目建设关键环节的规范化管理工作。西藏自治区编制完成《西藏自治区水文基础设施建设项目法人安全与质量管理制度》，下发施工、监理单位，要求严格遵照；甘肃省积极落实"一项目一制度"的要求，根据项目不同特点分别制定了《安全质量管理办法》《监督检查工作制度》《工程验收实施办法》等，强化了事前监管，明确了监督检查责任，确保了建设项目顺利实施。

2. 加强项目建设指导推动

水利部水文局采取多种举措，加强项目政策指导和建设推动，积极协调解决项目建设过程中出现的问题，推进项目实施。收集整理各地水文项目建设管理中存在的问题，及时反馈整改意见；指导做好项目设计变更工作，组织对部分省（自治区、直辖市）水文项目设计变更方案进行咨询论证。加快推进中小河流水文监测系统项目收尾，建立在建项目和验收工作台账，定期进行跟踪督促，对8个省（自治区）印发了督办函，并对四川省开展专项督查。加快推进年度项目实施，印发《关于切实加快2017年度水文基础设施建设投资计划执行进度的通知》，按月统计项目实施进展，及时对滞后单位进行督促。针对国家地下水监测工程项目建设管理过程中普遍存在的薄弱环节，组织开展业务交流或集中培训，在河北省组织国家地下水监测工程建设管理及档案管理培训班，对包括档案管理工作要求，相关标准和技术规范，档案组卷实例操作及档案管理系统操作应用，监测井合同验收要求、仪器设备验收手册等内容进行详细解读，提高了各地对项目建设档案管理和验收工作的认识，对推动做好国家地下水监测工程建设起到了积极作用。

3. 开展项目监督检查

水利部水文局会同水利安监司和水利建安中心，分两批次派出稽察组，对部分省份的国家地下水监测工程和各流域机构近年实施的水文水资源监测项目进行专项稽察，听取项目实施情况汇报，现场抽查项目实施进展，对推进项目实施、加强建设管理等提出明确要求。根据《水利部关于印发〈中央水利投资计划执行考核办法〉的通知》(水规计〔2017〕402号)，配合规计司和财务司开展了水文项目投资计划执行和项目资金支付考核评分工作。

各地水文部门组织成立项目建设督导组，对项目管理进行不定期监督检查、重点抽查或专项稽查。采用定期督导和日常督导相结合的方式，准确掌握工程建设情况，定期召开专题工作会议，针对督导中发现的问题进行专题研究，分析梳理问题出现原因，制定整改方案，逐项落实整改措施。重庆市对2017年大江大河水文监测（二期）建设工程中新开工的15个水文站实行了旬报管理制度，要求涉及建设的13个区县自年6月开始，每10天提交建设进度情况表，由重庆市水文局进行汇总，以便对其进度进行有效管理和监督，对未达到进度要求的区县水利局进行了跟踪督办，确保了2017年水文项目的建设进度。福建省依靠工作QQ群和微信群（分土建、设备、软件等多个群），直观和及时掌握施工现场情况，对工程质量、投资、进度、安全和文明施工实行全过程、全方位的现场监督管理，对发现的问题提出整改意见并监督整改，将整改情况报项目质量安全监督站备案。

4. 做好项目验收管理和总结评价

根据年度建设任务和项目实施进度，各地水文部门认真制定项目验收工作计划，及时做好项目竣工验收准备，加快开展项目验收工作。

2017 年，全国中小河流水文监测系统项目建设任务全面完成，其中吉林省、甘肃省完成竣工验收工作（图 3-2），该项目的建成极大地改善了中小河流水文监测站网密度和布局，全面提高了水文信息采集、传输、处理水平和洪水预警预报能力，在防洪减灾中发挥了重要作用，截至 2017 年年底，北京、山西、吉林、上海、河南、甘肃等省（直辖市）完成竣工验收工作。在此基础上，水利部水文局深入调查和分析研究，及时总结各地经验成果、科学评价项目建设成效，组织编制完成《中小河流水文监测系统项目建设总结评价报告》，分送国家发展改革委、财政部以及全国水文系统和水利部门。

2017 年，国家地下水监测工程项目建设进入收尾阶段，各地水文部门陆续启动了合同工程验收工作，江西省在全国率先完成国家地下水监测工程项目合同验收，被选作全国范本。

图 3-2　甘肃省中小河流水文监测系统项目竣工验收会

四、国家地下水监测工程

2017 年是国家地下水监测工程（水利部分）建设攻坚克难的一年，全国水文系统共同努力，扎实推进工程建设，如期完成了工程主体建设任务。

1. 项目建设

截至 2017 年年底，工程建设总体进展顺利。

招标和合同验收方面，工程监测井、仪器设备、信息化等各类招标项目共计 220 个，完成 219 个，完成率 99.5%；完成合同验收 159 个，完成率 72.3%。

监测站建设方面，工程共规划建设 10298 个监测站（井），全部建设完成；已安装仪器设备 10128 套，完成率 98.3%；完成监测站（井）高程及坐标测量 9329 处，完成率 90.6%。

信息服务系统建设方面，完成全国基础软件、硬件采购安装部署，完成信息接收处理软件开发、测试以及流域、省级中心部署，已有 10060 个监测站数据传至水利部，到报率 97.7%。

项目（合同）经费支付方面，水利部分项目总投资约 11 亿元，其中 2017 年下达工程资金 4 亿元，完成支付 3.56 亿元，完成率 89%，超额完成了确保 85% 的支付进度要求。

此外，2017 年 6 月完成国家地下水监测中心大楼装修招标，9 月中心大楼装修施工全面开始，12 月大楼装修主要任务已经基本完成。预计 2018 年 6 月将完成中心大楼全部装修工作。

北京市在国家地下水监测工程建设基础上，还规划开展了《北京市平原区地下水监测井建设工程》，工程投资约 1.43 亿元，2017 年完成了勘察设计工作并将初步设计报告报市水务局，计划再新建地下水位自动监测站（井）485 个，项目建成后，将形成"布局合理、功能完善、分层专用、自动传输"的地下水监测网络。内蒙古自治区在国家地下水监测工程建设基础上，由自治区投资完成四期共 661 处地下水自动监测站点建设。项目建成后，全区共有地下水监测井 1880 处，其中自动监测井 1150 处、人工观测井 730 处。2017 年大部分数据已开展上传自治区的地下水监测平台。

2. 项目管理

水利部水文局作为项目法人单位，科学谋划、精心组织，在全国水文系统大力支持下，不断强化项目建设管理。一是超前谋划部署，为确保完成年度 4 亿元的计划任务，年初对 2017 年度建设任务进行周密安排，充分分析工程建设和支付进度的风险点和难点，将建设计划分解到各地。二是加强验收管理，组织编制并印发项目验收管理办法，印发监测井、仪器设备、信息化系统合同验收手册。对高程引测、仪器设备合同验收等项目建设管理中的突出问题进行督促检查和整改规范，明确了单项工程验收的有关内容和技术要求。三是加强档案管理，在签订有关合同和协议、开展合同完工验收、组织监督检查过程中，对工程档案的收集、整理、归档进行同步检查，将档案管理贯穿工程全过程，并组织编制了《单项工程档案专项验收细则》，积极为单项工程档案验收做准备。四是强化现场监管，依托各地水文部门加强对现场施工的组织管理，确保每个监测井施工现场均有水文人员，强化对施工单位的监督、加强对关键环节的监管，认真把好工程质量关。五是举办培训班，组织举办全国项目建设管理、成井技术、档案管理等培训班，进一步提高建设管理、档案管理、技术管理水平，各地水文部门结合实际需求，也举办相应的省内技术培训班，培养了一批人才队伍。

3. 运行维护

为积极落实国家地下水监测工程建成后的运行维护经费，在水利部领导重视和财务司支持下，组织完成国家地下水监测工程运行维护经费的测算、评审和申报工作。2017 年 6 月，水利部向财政部报送了《水利部关于报送地下水监测项目有关情况的函》（水财务〔2017〕225 号），申请将地下水监测管理经费纳入中央财政预算。10 月，财政部预算评审中心组织进行了审查，核定 2018 年国家地下水监测工程运行维护经费为 15339 万元，2019 年为 16319 万元，2020 年为 16319 万元。11 月，财政部批复落实水利部 2018 年国家地下水监测工程地下水监测管理运行维护经费 5000 万元。

五、国家水资源监控能力建设

1. 国家水资源监控能力建设项目一期运行管理

2017 年，国家水资源监控能力建设项目一期工程（国控项目一期）全面完成建设任务并投入使用，天津、河南、广东、海南等省（直辖市）组织进行了竣工验收。2017 年，中央预算安排水利部本级和流域管理机构运行维护经费 2886 万元，各省级财政安排各省项目运行维护经费合计 9338 万元，有力地保障了各项监测工作的正常开展。一年来，国控项目一期水资源监测数据报送基本达到目标要求，为强化水资源管理监督考核提供了技术支撑，其中，全年监测取用水量 2102.1 亿立方米，监测数据平均上报率为 87.6%；水功能区监测数据平均上报率为 91.6%；饮用水水源地水质在线监测站点的监测数据平均上报率为 92.8%；大江大河省界断面水量监测数据平均上报率为 96.9%，水质监测数据平均上报率为 94.9%，达到了各流域机构和各省（自治区、直辖市）的监测目标。

2. 国家水资源监控能力建设项目二期进展情况

国家水资源监控能力建设项目二期（国控项目二期）有序推进，各地进一步开展了取用水监控站点和水质自动监测站建设，组织对基础数据整理核实、完善业务应用系统、开展系统集成等工作。2016—2017 年计划取用水在线监测点新建 8703 个、接入 559 个，实际接入 267 个，完工率 69.1%；水源地水质在线监测点计划新建 240 个、接入 33 个，实际接入 885 个，完工率 61.3%；平台软硬件计划采购 1766 台（套），实际安装 1401 台（套），完工率 79.3%；水利部本级、流域管理机构和 27 个省级单位完成应用系统开发和集成年度任务。在投资进度中，中央总投资 5.68 亿元，截至 2017 年 12 月月底实际执行 4.99 亿元，总预算支付进度 87.9%，达到了项目平均预算执行率 80% 以上的要求。

各流域管理机构在完成水资源监控能力（二期）项目建设基础上，开展了相关业务系统建设。淮委加快南水北调东中线以及沂沭泗水资源监测信息的入库工作，开发完成信息服务移动客户端、中长期来水预报模型、水量调度模型、基于国家水量分配通用平台的沂沭河水量分配系统等。太湖局通过国家水资源监控能力建设项目中央平台，接收 400 余个取用水户、15 个重要饮用水源地、500 多个水功能区监测断面信息，开发了太湖流域水资源信息服务系统，实现了取用水户、水源地、水功能区、省界断面及排污口等信息查询、统计分析等信息共享。

各省（自治区、直辖市）国控项目二期建设均取得阶段性成果，初步建成了水资源监控体系，实现对重点取用水户、重要江河湖泊水功能区和行政边界主要河流关键断面的有效监控，为最严格水资源管理制度考核奠定了基础。具体内容包括：

一是开展了项目建设管理和取用水监控建设工作。2017 年，安徽省完成21 个农业大中型灌区渠首和 85 个重要节点（共 220 个监测点）水量自动监测站建设，以及灌区监测数据整编、与省级水资源信息管理系统数据链路联通和入库工作；河南省建成取用水监测站点 3332 个，获取实时水量信息并开展日、月、年用水总量统计分析；贵州省全面展开取用水监测站点设备安装工作，完成 226 户工业生活取水户取水点、灌区取水点的安装调试，组织对全省 9 个市（州）的 276 户工业及生活取水大户、灌区进行了现场勘查复核。

二是加强了服务地方水资源业务系统和信息平台建设。2017 年，江西省开发水资源月报系统，初步搭建了省级水资源信息服务平台，为各县区水利局提供取用水户监测信息；河南省完成水功能区监控体系建设，建立了河南省水资源监控管理信息平台与水资源监控会商体系，完成水源地监控体系建设，并实现对 12 个重要集中供水水源地水质监测的 100% 覆盖。

三是加快了水量水质信息在线实时监测和预警工作。2017 年，湖北省新建

195 处中型灌区水量监测点及 246 处管道用水量监测点，新建和接入共计 13 处饮用水水源地水质在线监测站点，实现了对取水量和重要江河湖泊水功能区的水量水质信息的实时监测；江西省初步实现了重要饮用水源地在线监测预警，为突发水污染事件处置提供了抓手。

通过国控项目二期建设，全国已基本建立了与用水总量控制、用水效率控制和水功能区限制纳污相适应的重要取水户、重要水功能区和主要省界断面三大监控体系，构建了国家水资源管理系统框架，初步形成了与实行最严格水资源管理制度相适应的水资源监控能力。目前，国控项目在水资源管理各项工作中开始发挥成效，为政府相关职能部门、管理对象、社会公众等提供支撑服务。

第四部分

水文站网篇

2017年，全国水文系统通过调整和充实水文站网、强化水文站网规划和基础信息管理、规范测站审批备案、推进站网管理系统建设，水文站网布局不断优化，测站功能进一步完善，基础设施及装备水平稳步提升，为水文事业发展奠定坚实基础。

一、水文站网稳步发展

截至2017年年底，全国水文部门共有各类水文测站113245处，包括国家基本水文站3148处、专用水文站3954处、水位站13579处、雨量站54477处、蒸发站19处、墒情站2751处、水质站16123处、地下水站19147处、实验站47处；其中向县级以上防汛指挥部门报送水文信息的水文测站59104处，发布预报的水文测站1565处。与上一年度相比，各类水文测站总数增加9283处，增幅9%；报汛站增加7508处，增幅14.6%。随着大江大河水文监测系统建设工程、水资源监测能力建设工程等项目的全面实施，以及国家地下水监测工程建设完工和中小河流水文监测系统项目竣工验收，一大批水文测站投入运行，水文站网得到进一步充实和完善，站网整体功能得到加强，监测能力稳步提升，为服务防灾减灾体系建设、最严格水资源管理制度实施、全面推行河长制湖长制、水生态文明建设等领域提供了基础支撑。

国家基本水文站网保持基本稳定。在3148处国家基本水文站中，水文部门管理的国家基本站3076处，外部门管理的基本水文站72处。随着基本建设项目的实施，专用水文站逐年增加。目前专用水文站为3954处，主要为中小河流水文监测系统项目建设完成投入使用的测站。同时，考虑到为国家收集基本水文资料，探索基本水文规律的需要，部分专用水文站投入运行后满足国家基本水文站条件的，将按照站网管理程序进行审批，纳入国家基本水文站管理，充实国家基本水文站网，为国家经济社会快速发展提供基础信息保障。

其他各类水文测站保持快速增长。2017 年，全国水文系统共有水位站13579 处，雨量站 54477 处，分别较上一年增长 7.8% 和 6.6%，站网密度进一步提高。全国水文系统不断加强水质监测工作，监测范围不断拓展，水质监测站网不断充实，目前，全国地表水体水质站达 16123 处，较上一年增长11.2%，其中自动监测站点为 369 处；地表水水功能区、行政区界、饮用水水源地等主要水体监测基本实现全覆盖，为饮水安全保障、最严格水资源管理、水生态文明建设和河长制湖长制建设等提供技术支撑。地下水站数量为 19147处，较上一年增长 12.9%，其中基本站 15715 处，统测站 3393 处。同时随着国家地下水监测工程建设站点投入运行，地下水水质监测稳步开展，基本实现了对重点地区地下水水质监测全覆盖。墒情站有 2751 处，较上一年增长 38.3%，虽然站点数量增幅较大，但尚未形成完整的监测体系，仍难以满足抗旱减灾决策等的需求，旱情监测分析工作尚需不断加强。

随着科技进步和信息技术快速发展，水文仪器装备水平得到明显改善，大批先进的仪器设备和技术手段得到了推广应用，仪器设备种类更加丰富、数量稳定增加，水文现代化建设稳步推进。全国水文系统共拥有电波流速仪 2986 台、声学多普勒流速仪（ADCP）2647 套，超声波测深仪 1442 台，全站仪 1898 台，全球定位系统（GPS）2161 台，这些先进仪器设备的广泛应用，有效提高了水文监测的自动化水平，增强了水文测验的准确性和实效性。目前纳入统计的水质分析化验仪器设备达 40 种，微波等离子体发射光谱仪、固定底物（DST）酶底物法监测仪等先进仪器设备也开始得到应用，提高了水质分析的准确性和实效性，水质实验室的检测能力得到显著提升。

二、强化站网基础工作

1. 站网规划

为提高沿海地区感潮河流水文监测能力，系统收集沿海地区的水文要素，全面掌握区域水文水资源水生态的动态状况，支撑沿海经济社会发展需要，根据《全国水文事业发展规划》，水利部水文局组织开展了《潮水位站网规划》编制工作，规划范围涉及海南、广西、广东、福建、浙江、上海、江苏、山东、河北、天津、辽宁等11个省（自治区、直辖市）的沿海地区感潮河流及滨海区，覆盖珠江、长江、太湖、淮河、黄河、海河、松辽等7个流域片。各流域管理机构、各地水文部门推进开展站网规划工作，从布局优化、功能提升上，进一步做好水文站网的顶层设计。黄委针对现有站网存在问题，编制完成了《黄河水文发展规划（2015—2025年）》，强化防汛与抗旱、水资源管理与调度、水生态修复与保护需求的水文站网布设。北京市编制完成了《试点城市水文站网建设规划》，选取中心城区、城市副中心、亦庄经济开发区作为试点，从水质水量方面对城市水文站网进行了全方位规划。河北省为满足雄安新区高质量的防洪安全、水资源管理和水生态保护等水文需求，超前谋划，组织编制了《河北省雄安新区水文专项建设规划》，充实雄安新区水文站网，努力提升雄安新区的水文综合服务能力，新增水文站1处、水位站5处、水质水量在线自动监测站点2处、地下水水质在线自动监测站3处、自动墒情站46处，规划改造水文站6处、水位站3处、测站网络视频监控系统70处、山区报汛站的卫星应急通信设施160处，新建雄安新区水文监测中心1处，目前该规划已列入《河北省雄安新区防洪规划》。山西省依托大江大河水文监测系统及中小河流水文监测系统建设项目，对全省水文站网进行优化调整，为下一阶段水文监测系统建设打下了良好基础。江西省编制完成《江西省水文站网规划》，并先后通过长江水利委员会、珠江水利委员会的审核及省水利厅的技术审查会，待修改完善后报批。广东省积极组织开展水文站网布局规划前期工作，编制完成了《广东省主要江河水文监测能力提升项目实施方案》，旨在进一步提升全省防灾减灾监测预报预警和实时监测服务能力，目前该方案已报水利厅。广西壮族自治区开展水文监测站网布设研究，编制完成了《广西水文监测站网布设技术导则》，规定了行政区域内各类水文监测站点布设要求。

2. 水文统计

为依法加强水文行业统计工作，水利部水文局组织举办了全国水文情况统计报表制度专题培训班，并就年度水文统计工作情况进行通报，促进了全国水文统计工作的规范化和制度化；编制完成《2016年全国水文统计年报》，印发全国水利系统和全国水文系统，并抄送国家统计局备案。

各流域管理机构和各省（自治区、直辖市）不断重视和加强对水文统计工作的管理，统计质量和效率得到提高。黄委结合水文工作实际，制定了《水文局水文统计管理办法》，对统计机构和人员职责、报表填报要求、统计资料管理、质量管理与考核等进行了规范，进一步促进水文统计工作规范化管理。

3. 基础信息管理

国家基本水文站网是水文站网的骨干站网，为强化国家基本水文站的基础信息管理，水利部水文局组织各流域机构和省（自治区、直辖市）开展了国家基本水文站基础信息收集整理工作，在完成1330个国家重要水文站基础信息刊印工作基础上，对其他1800多个国家基本水文站的测站代码、经纬度、高程、降水、径流特征值等基础信息进行汇编整理和审核，形成《国家基本水文站名录》。

为规范流域站网管理，海委组织协调流域

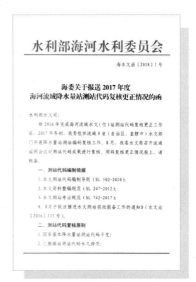

图 4-1　海委关于报送 2017 年度海河流域降水量站测站代码复核更正情况的函

内 8 省（自治区、直辖市）水文部门全面梳理了水文站、水位站和雨量站的测站代码（图 4-1），解决了长期以来存在的水文测站代码重码、倒码和错码问题，为规范流域站网管理奠定了坚实的基础。

三、规范水文站网管理

1. 规范测站管理

各地水文部门不断加强水文测站管理工作，提升测站规范化、科学化管理水平。内蒙古自治区从规范水文测验测报技术入手，研究制定了《内蒙古自治区水文测站管理制度（试行）》，分别就站务管理、安全生产、测报设施设备管理制度、资料管理、业务管理、财务管理以及考勤请假制度等方面进行了细化，保障基层水文站测管理的可操作性。江苏省对全省水利系统各类专用水文测站开展专项调查，并开展了水文监测业务标准化体系研究，由水利厅印发《江苏省专用水文测站管理办法》（苏水规〔2017〕4 号），从专用水文测站的设立条件、建设管理原则、监测内容、监测技术要求及监测信息报送等方面对全省专用水文测站运行管理提出行业管理的各项规定，进一步规范了专用水文测站的建设管理。浙江省经省质量技术监督局批准出台了地方标准 DB33/T 2084—2017《水文测站运行管理规范》，从增强人员素质、提高设施设备水平、规范作业程序、强化岗位责任等环节落实标准化管理，进一步规范水文测站运行管理行为和水平，实现测站管理规范化、标准化和科学化，确保测站安全生产和水文效益发挥，修订完善了《测站标准化管理验收办法》，全面提速水文测站标准化管理创建工作。江西省成立了水文站标准化管理工作领导小组，联合省水利工程标准化办公室编制了《江西省水文站管理手册编制指南》和《水文测站标准化管理评分标准》，以坝上水文站、上沙兰水文站作为省级标准化管理试点测站，拟打造"监测要素齐全、监测手段先进、监测成果优秀、成果展示充分、工作环境优美、文化底蕴深厚"的标准化水文站，并印发《全面推行国家基本水文站标准化管理实施方案》，对全省国家基本水文站标准化管理工作作了全面部署，确保标准化管理工作顺利推进。河南省在全省启动水文站规范化管理工作，编制了《河南省水文测站运行管理办法》，从站务、站容站貌、测报设施设备管理、巡检看护、监督检查等方面对各水文站职责与管理范围进行了详细、明确、具体的规定。重庆市更新了《重庆市国家基本水文站管辖表》，明确了市局管辖的 1105 处水文监测站点的管理范围和各区县水文机构管辖的 4001 处水文监测站点的管理范围，明确了各基本水文站的职责，进一步加强水文站网管理，确保站网信息报送的时效性和准确性。山东省稳步推进水文测站规范化建设，加强对已达标站复核，对整改不到位、存在问题站"摘牌"，实现基本水文站管理规范化、制度化。

2. 推进站网管理系统建设

2017 年，水利部水文局举办全国水文站网管理系统应用培训班，讨论解决运行过程中出现的数据问题，同时部署各地水文部门继续开展测站基础信息补充、更新和复核工作，进一步完善站网基础信息。组织对全国水文站网管理系统功能进行更新完善，为水文业务工作开展提供支撑和保障。

各地水文部门积极推进水文站网管理系统建设。长江委建立了测站基本信息库，已完成测站基本信息、沿革信息、工程信息、仪器信息等基础数据的录入、校核，达到水文测站信息的统一管理，通过提供统一存储、统一维护服务，实现基本信息的"一数一源，一点更新"，目前，后续数据和管理功能的完善工作正在逐步进行。黑龙江省水文站网管理系统已完成了基本站数据录入，实现了对水文站网管理的数字化、站点可视化、查询直观化、更新自动化和资料可扩充化，满足了对全省水文站网信息的数据库管理和业务管理需要。浙江、安徽等省进一步完善本省水文站网管理系统，对现有系统功能进行了升级和扩充，广东省、广西壮族自治区依托全国水文站网管理系统，加强对基本测站的信息管理。太湖局、湖南省、吉林省、云南省等结合相关业务项目，推进本单位水文站网管理系统的建设开发工作。

第五部分

水文监测篇

2017年，全国水文系统深化水文监测改革工作持续推进，水文测报质量监督和管理不断强化，水文计量器具检定校准工作积极推进，水文测报整体能力稳步提高。水文部门在做好水文测报工作同时，积极开展安全生产学习，提高安全生产意识、强化安全生产措施，圆满完成水文监测及多项突发水事件应急测报工作。

一、水文测报工作

1. 扎实做好汛前准备，安全生产不松懈

2017年3月，水利部水文局印发《关于做好2017年水文测报汛前准备工作的通知》和《关于开展2017年水文测报及安全生产汛前检查的通知》，部署水文测报汛前准备及安全生产工作，要求树立防大汛、抗大旱、防强台、保安全的责任意识，落实各项防汛测报责任制和安全生产责任制，健全水文测报管理制度，完善应对突发性水灾害的应急预案。各地水文部门高度重视，早布置、早安排、早落实，结合实际从思想动员、组织落实、技术措施、物资储备等方面认真组织开展各项汛前准备工作，严格落实岗位责任制，健全各项测报工作制度，加快水文毁修复工作，加强中小河流水文监测系统等项目建设的水文测站运行管理，确保测报设施正常运行，梳理完善测报预案，强化安全生产培训和宣传，为水文测报顺利开展奠定基础。

2017年4—6月，水利部水文局会同各流域水文局分别对长江等7个流域开展了水文测报及安全生产汛前检查（图5-1）。完成了各组检查情况报告，

图 5-1　汛前检查现场

对有关问题进行汇总整理，督促落实整改，确保安全度汛。

　　松辽委为提高安全生产意识、落实安全生产责任制，制定印发了《安全生产工作计划》，由水文局领导班子成员继续与各分管单位签订年度安全生产责任状，把安全责任落实到各个工作环节。浙江省派出 6 个汛前督查组对全省 40 个县（市、区）的 82 个水文测站进行检查，针对存在问题发放了督查清单，落实整改措施。安徽省开展汛前检查工作并组织"回头看"检查，确保整改到位，并根据汛前检查测评结果，采取激励措施，评选出先进测站给予通报表彰和物质奖励。贵州省开展安全生产大检查工作，采取"四不两直"的检查方式，直插基层、直插现场，开展"安全生产隐患大排查大整治"的专项检查，在汛期来临之前彻底解决了全省汛前检查中发现的问题。湖南省印发实施了《湖南省水文系统安全生产绩效考核实施办法（试行）》，将水文局属各单位的安全生产工作纳入年度绩效考核。山东省、福建省、河南省等单位认真组织开展"安全生产月"活动，结合水文行业实际，通过网站、橱窗、宣传画、警示标志牌、知识讲座等形式，在水文系统内营造了安全生产的浓厚氛围。长江委、黄委、珠江委、河北、吉林、黑龙江、江苏、福建、河南、湖南、海南、陕西、甘肃、新疆等流域管理机构和省（自治区）组织检查组深入全流域或区域各水文勘测队和水文测站进行汛前检查，本着"抓早、抓实、抓好"原则，要求直属各分局克服侥幸心理，通过自检自查方式，发现问题、找出隐患、及时整改，做到"思想、技术、组织、物资、安全"五落实。许多地方还组建了洪水测验督导组，各地市水文分局相应成立汛期机动测洪预备队，制定完善《洪水测报方案》《抗洪抢险应急预案》和《突发事件应急预案》等，确保水文安全度汛。

2. 完成水文测报任务，进一步深化水文监测改革

各地水文部门扎实开展各项水文测报工作，严格按照水文测验技术规范，加强水文测验质量管理，完成年度各项测报任务。

2017年，湖南、吉林、辽宁、江西、湖北、浙江等省发生大暴雨或特大暴雨，水文部门科学应对、全力以赴，密切注视水雨情变化，完整监测记录降雨、洪水过程，为各级防汛抗旱指挥调度决策及时提供测报信息。广东、广西等省（自治区）多次受到台风袭击，设施设备受到不同程度损毁，水文部门及时组织测洪预备队，利用应急仪器设备，确保实时监测水雨情变化，为防汛减灾提供了有力支撑，为国家收集积累了宝贵的水文数据。松辽委黑龙江上游水文水资源中心全面完成流域测报任务，其中全年开展冰情观测484次；浙江省之江水文站完成全年潮流量测验工作。

在做好常规水文测验基础上，各地水文部门根据《水利部关于深化水文监测改革的指导意见》（水文〔2016〕275号），强化测站特性分析，加强水文测验新技术、新装备的应用和研发，推进水文监测改革。河北、安徽、重庆、江西等省（直辖市）把推进水文监测改革作为一项重要工作，结合各省（直辖市）实际情况，相继制定印发了《水文监测方式改革实施方案》。河北省水利厅以冀水人〔2017〕99号文批复了《河北省水文监测方式改革实施方案》，以基本水文站为基础，兼顾行政区划和流域水系，依据现状巡测基地建设情况，分别成立涉县、平山县、井陉县和崇礼县等4个县级水文局和31个水文巡测队，共计35个测区，并按照"汛驻枯巡、巡驻结合、应急补充"的原则，对测区内各站点统筹开展水文监测、仪器巡检及维护工作，将原有的省、市、测站三级的管理模式变更为省、市、测区的水文管理新模式，计划到 2020 年全部建设完成。安徽省将全省划分为 53 个水文测区并成立相应的测区管理机构（水文勘测队），为确保全省水文监测改革各项工作顺利进行，成立了由省水文局主要领导任组长，分管领导任副组长，局机关各职能处室负责人任组员的省水文监测改革领导小组，负责组织领导全省水文监测改革工作，积极稳妥推进监测改革，完成了 2017 年度改革措施任务。江西省通过开展测站特性和水位流量单值化分析，结合各类站网功能需求及《水文巡测规范》要求，在保证适宜精度的前提下，优化大江大河重要水文站的流量沙量测次；因地制宜简化了区域代表站的测次布设数量；探索小河站测验方式改革，确定了 253 处水文站的测验模式。为适应经济社会发展和监测断面环境的改变，山东省组织对全省的国家基本水文站《测站任务书》进行了修订。

二、水文应急监测

全国水文系统进一步加强应对突发水事件处置的测报工作，建立健全水文应急监测队伍建设，积极开展水文应急监测演练，提升水文应急监测能力，有效应对突发水事件。

1. 开展水文应急监测演练

黄委在黄河西霞院河段举行水文应急监测演练（图 5-2），综合应用遥控船载 ADCP+GPS 罗经技术，三维激光扫描仪、便携卫星小站、无线调度指挥系统、多波束测深仪、无人机等多项现代化的仪器设备，首次实现了地形测绘数据的现场即时处理传输。江西省于 2017 年 5 月在抚州开展了以应对暴雨洪水导致大堤决口突发水事件水文应急监测为主题的水文应急演练，通过实战演习有效地检阅和提高了应急队伍的响应速度和实战能力，为熟练掌握应急监测技术奠定基础。湖北省成立了省水文水资源应急监测中心，组织参加了在荆门市漳河水库举行的全省防汛抗旱应急军地联合演练。广西壮族自治区通过在桂林组织开展水文应急测报驰援实战演练，推行了"以报布测、以测促报、实时分析、在线指挥、逐峰而测"的应急监测新模式，实测流量信息直接发报至自治区实时水情系统，应急指挥中心通过实时水情系统分析水情实时信息，精准指挥应急测报工作，进一步强化了信息化条件下水文应急测报能力。

图 5-2　黄委水文局水文应急监测演练

2. 完成突发水事件水文测报工作

2017 年 3 月 7 日，江西省水文局发现乌江永丰、吉水两县境内鳌溪河段砷（As）含量超标，迅速启动突发水事件应急监测，省、市应急监测人员不分昼夜，连续一周跟踪调查，及时将监（检）测结果报送有关部门，为科学处置该事件提供了及时有效的技术依据，保障了人民群众用水安全，维护了社会和谐稳定。吉安市委书记在全市干部大会上对水文工作予以了表扬，市委、市政府行文进行嘉奖。

2017 年 6 月 18 日，北京石羊沟流域山洪暴发，造成人员伤亡和财产损失。北京市立即启动防汛应急预案，于 19 日清晨组织两个调查小组，分别奔赴石羊沟上、下游开展暴雨洪水调查。通过实地查勘、询问村民、查看集雨设施、观看监控视频、多断面流量复核等方式，完成了暴雨洪水调查报告。现场救灾指挥部根据调查报告结论，迅速研究做出相关决策部署，并当天向社会发布新闻通稿。

2017 年 6 月底，湖南省遭遇了超历史的暴雨洪水，全省 103 站次超警戒水位、29 站次超保证水位、13 站次超历史最高水位。面对历史罕见的特大洪水，湖南省水文局反应迅速，第一时间启动应急预案，奔赴防汛形势最严重的资水干流桃江站、湖区岳阳伍市站、湘江中下游永州、衡阳、湘潭、长沙局等地的重要水文站开展水文应急监测工作，并实时向防汛指挥部报送雨水情监测预警信息，为防汛决策提供了科学依据。

2017 年 8 月 4 日，安达市东湖水库出现险情，黑龙江省水文应急机动队立即出动，带领绥化、大庆两市的水文应急机动队紧急监测出入库流量，为水库算清水账，合理调度提供了技术支撑。8 月 7 日，肇兰新河出现险情，黑龙江省水文应急机动队、绥化市水文应急机动队立即赶赴肇兰新河进行应急监测，为防汛决策提供了技术保障。

2017 年 8 月 8 日，四川省阿坝藏族羌族自治州九寨沟县发生 7.0 级地震。四川省第一时间启动防汛抢险应急预案，成立应急抢险指挥部，立即组织开展地震灾区及周边各报汛站点的水位过程线变化的分析工作，24 小时追踪地震灾区各监测站点信息并超前分析形成堰塞湖的可能性，向部水文局、省防办等提供分析材料 70 余份，为科学抢险救灾提供了依据。

2017 年 9 月 3—5 日，金砖国家领导人第九次会晤在福建省厦门市召开，按照水利厅部署，福建省水文系统积极承担了九龙江北溪水量水质保障监测任务。福建省水文局及时成立领导、技术、应急三个小组，组织制定《2017 年金砖国家领导人厦门会晤九龙江北溪水文保障监测方案》，开展全省水文系统应急监测演练，积极开展水文测报和水质水量同步监测工作，加密监测九龙江北溪水质水量状况，逐日开展异地视频水雨情会商，及时报送水雨情信息 300 多条，并积极应对北引库区藻类异常情况，圆满完成"金砖会晤"期间九龙江流域水质水量安全保障工作。

2017年10月8日，长江茅山干堤位于浠水县散花镇团林岸村的堤段发生崩岸险情，情况十分危急。湖北省黄冈市水文水资源勘测局接到市防汛指挥部紧急电话，急需施测崩岸水下地形图和相关水文参数，以便指挥部科学分析险情成因、发展态势和采取处置措施。在接到通知后15分钟内，黄冈市水文水资源勘测局立即启动应急响应，迅速集结应急监测队伍，赶赴崩岸险情现场。经现场了解情况并初步查勘后马上投入工作，应急监测队两名队员施测陆地部分、三名队员测量水下地形，技术人员冒着长江急流、旋涡不断等危险，围绕崩岸现场水域，往返仔细地进行施测，经过近1小时的奋战完成了崩岸区地形施测。应急监测队向现场指挥的市领导报送了崩岸的方位、尺寸、最大深度等水下实测数据，提交了崩岸区水下地形图，并提出了需要控制的重点关键部位和抢险方案建议，为这次崩岸险情的及时处置发挥了关键性作用。

2017年10月21日凌晨，巫溪县大河乡广安村发生山体垮塌，形成了堰塞湖。重庆市万州区水文中心第一时间组织水文应急监测小组赶赴现场，立即开展水文应急监测工作，按照应急监测预案迅速开展各项监测工作，采用人工观测与自动遥测数据进行对比，对堰塞湖库容、上下游河道水位、流量进行全方位监测，及时、准确提供了宝贵的水文参数和分析成果，为后续的救灾工作提供了重要的支撑和保障。

三、水文监测管理

1. 加强水文测验成果质量管理

为进一步加强水文测验管理工作，提升水文测验成果质量，水利部印发了《关于印发水文测验质量检查评定办法（试行）》（水文测〔2017〕88号），并组织专家组对长江委、黄委、海委等3个流域机构和31个省（自治区、直辖市）开展水文测验质量检查评定工作，评定内容包括汛前准备及检查工作部署、应急演练组织、水文测验标准贯彻执行、业务培训、测站任务书、水文测报方案、水文测验质量管理办法、应急监测预案、设施设备管理和安全生产管理等。12月5日，组织召开了水文测验成果质量审定会，对各检查组汇交的各单位测验成果质量评定结果进行了集中审定，查找各单位存在的突出问题，研定解决方案。2017年12月底，印发《关于2017年水文测验质量检查评定结果的通报》（水文技〔2017〕3号），以"一省一单"的形式，督促各单位针对测验质量检查中发现的问题进行落实整改（图5-3）。

图5-3　水利部水文司印发《关于2017年水文测验质量检查评定结果的通报》

2.继续推进水文计量工作

为贯彻落实《水利部关于加强水文计量管理工作的通知》，水文部门加快推进水文计量工作。水利部水文局制定了《浮子式水位计等7种水文工作计量器具检定/校准要求》，组织各地水文部门开展水文计量器具档案建设工作，加强水文计量检定能力建设。

目前，山东水文仪器检定中心技术改造方案已审定实施。陕西水文仪器检定中心技术改造方案已完成审查，并报计划部门进行审批。江西省制订了《江西省水文局水文计量管理办法（试行）》，建立了《水文计量器具管理台账》。山东省申报水利厅水利科研与推广项目《水量计量新技术与装备研发》，通过研发自动化、高精度的天然河道水量监测器具的检定装置以及明渠和管道流量计量装置，研制水量计量新技术及装备，进一步提升水量计量技术水平，更好地支撑最严格水资源管理，服务水利改革发展。

3.强化新技术新仪器应用研究和培训

水文新技术新仪器的引进和应用促进了现代化快速发展。全国水文系统抓住机遇，加大水文新技术新仪器的推广力度，加强新仪器设备应用培训，特别是通过中小河流水文监测系统等建设项目配备了大批水文新仪器新设备。

2017年8月，水利部水文局组织长江委、安徽省、江西省、河南省、湖北省、湖南省等水文单位，在武汉开展了中国科学院声学研究所国产ADCP联合测试（出厂检验）。长江委及时制定比测方案，对比测目的、要求、内容、组织管理、进度等进行明确规定，后期还将根据比测方案，在10个代表性水文站开展国产走航式ADCP的比测工作，有效地加快了走航式ADCP的国产化进程。黄委配合完成同位素测沙仪系统研制；开发完成了单机版"HSW.NUT-1型悬移质含沙量在线测验系统"，应用于河流测沙参数率定等工作；开发完成基于数据中心模式的含沙量测验软件，在民和、潼关等水文站投入运用。淮委经过多年来探索研究，对数十个水文断面进行论证与分析，成功研发了"流量自动监测系统"，该技术获得2017年中国农林水利工会淮河委员会颁发的淮委职工技术创新二等奖，目前已在云南滇池生态补水、安徽中小河流等项目中得到很好应用，具有很好的推广使用价值。广东省制定印发了《广东省水文局多波束测深系统测量技术管理规定（暂行）》。

四、水文资料管理

1. 做好水文年鉴整汇编工作

水文部门不断完善水文资料整汇编的作业程序和质量保障体系。水利部水文局加强组织管理和质量监控，各流域机构做好组织和协调工作，各省（自治区、直辖市）积极配合，确保了2016年度75册《中华人民共和国水文年鉴》整汇编、刊印和验收工作的顺利开展。

在完成在站整编、集中审查、复审验收基础上，2016年度水文年鉴资料全国终审会在武汉召开。由各流域机构、各省（自治区、直辖市）及河海大学等单位的74位专家，依据相关技术规范和《中华人民共和国水文年鉴质量评定办法》规定，对经过流域汇编的 75 册水文年鉴中的 5230 个水文站（断面），16764 个雨量站、蒸发站，共计 3517 万字组的水文年鉴资料进行了细致而全面的审查。通过全国终审，不仅发现和纠正了存在问题，而且促进了相互交流，提高了业务技术水平，保障了水文年鉴刊印质量。

为切实保证水文年鉴质量，黄委制定印发《黄河流域片水文资料整汇编刊印技术规定》。安徽省还在汛后开展水文测验和资料整编大检查，抽查率不低于 60%。浙江省建成在线整编数据接口平台，实现了国家基本站遥测数据（水位，雨量）的实时采集、转换和整编前预处理，大大地提升了水文资料整编的效率，推进水文信息化和现代化。各地水文部门围绕水利改革发展新要求，结合水文监测改革，改变传统观念、创新整编方式，努力提高资料整编工作时效。

2. 水文资料使用管理

水文部门继续加强资料使用管理。2017 年 7 月，北京市印发了《北京市水文资料使用管理办法》（京水文〔2017〕29 号文），从水文资料的涉密数据、使用申请表、使用责任书，水务涉密数据保密责任书等方面进行了详细规定，规范了水文资料的使用管理。江西省编制了《江西省水文资料使用管理办法》（试行稿）；《水文资料工作考核办法》进一步规范基础水文资料的使用管理，进一步加强资料工作的考核与管理，同时积极参与科研项目研究和工程建设，全年累计提供水文资料 4.5 万余站年，体现了水文资料的宝贵价值。

3. 推进国家水文数据库建设

2017 年 3 月，水利部组织对国家水文数据库建设工程可行性研究报告进行审查并出具审查意见。各地水文部门全力以赴、积极配合，初步完成国家水文数据库设计中需要合并的现有基础水文数据库与实时水雨情、地下水、水质、土壤墒情等数据库的梳理和整合，为推进国家水文数据库建设奠定了坚实基础。水利部水文局还组织开展了《国家水文数据库表结构及标识符》标准制修订工作，夯实工作基础。

第六部分

水情气象服务篇

2017 年，全国年平均降水量 641 毫米，较常年偏多 2%，共出现 36 次强降雨过程，有 8 个台风登陆我国。长江、黄河、淮河、西江、松花江五大流域共发生 10 次编号洪水，共有 471 条河流发生超警洪水，其中 20 条中小河流发生超历史纪录洪水。水文部门超前部署、强化监测，加强水文信息报送时效、提高洪水作业预报精度，继续推进水情预警发布，提升了水文气象情报预报业务能力和服务水平，为防汛抗旱减灾提供了坚实支撑，圆满完成了防汛抗旱水情气象服务工作。

一、水情气象服务工作

1. 提升信息服务水平

水利部水文局强化水文基础信息建设，力抓信息报送工作。一年来，组织各地水文部门开展水文特征值分析整理，分析补充了 1.73 万个水文测站降水量多年同期均值，补充延长了 2630 个水文测站水位流量年极值和 4249 个水文测站均值系列数据，开展了 897 个墒情站的田间持水量测定工作。各地水文部门全年向国家防总报送雨水情信息 7.5 亿条，向国家防总报汛的水库数量增至 14726 座，基本实现了全部大中型水库向中央报汛，有 10818 座小型水库实现信息报送；报送墒情信息的墒情站 2734 个，覆盖 25 个省（自治区、直辖市）。各地水文部门向水利部报送雨水情材料近 5124 份，其中黄委、广东省、长江委等 18 个单位报送材料超过 100 份，基本实现汛期每日、非汛期每周报送雨水情分析成果。

各地水文部门共向各级人民政府和三防部门报送各类水情分析材料合计15560余份。黑龙江省向水利部、松辽委、省防办、省公安厅、黑龙江省民政厅等十多个部门发送各类水情材料，其中，水情简报55期1650余份，水情预报39期1200份33站次，水情信息交换邮件1250份，每日水情122期3660份，发送各类雨水情信息短信6.5万条，各类水情材料及图表120余份。广东省完成水文气象雨量监测"共建一张网、共享一张表"工作，实现了4448个雨量站数据和水情会商、水情简报、旬月简报等分析材料的共享；完成270个中小河流新建水文测站的预警水位和水位－流量关系曲线率定。北京市积极完善水文水资源集成平台，升级"北京水文APP"，及时为汛情研判提供数据支撑；落实市领导关于"加强北京周边雨水情信息共享"要求，按照"京津冀水文协作协议"，协调共享河北省及周边87处水文站点信息，制定了"北京市周边雨量表"，每小时更新一次，供各级领导决策。汛期共收转发30万条报文，发送8000余条短信，发布230张周边雨量表，编写53期水情快报、11期水情简报、92期每日雨水情简况。防汛测报队主动对重点断面开展水文巡测80余次，积累了大量实测资料，率定了部分断面水位－流量关系曲线，逐步建立流量自动测报体系。

2. 提高水文预报精度

按照防汛抗旱减灾工作部署和年度气象水文特点，水文部门着重开展了中长期预测分析工作。水利部水文局全年共开展中长期预测分析140余次，年初提出了"今年我国气候状况总体偏差，区域性暴雨洪水和干旱重于常年，长江可能发生区域性较大洪水"等预测结论，并深入推进洪水预报日常化工作，加密预报发布频次，为国家防总提早部署防汛抗旱工作提供参考。各地水文部门全年共制作发布重要江河湖库断面洪水预报6279站次，较去年增加2000多站次。珠江委、广西壮族自治区、海南省等8个单位在台风影响期发布水情预报1790站次，较去年增加400多站次，基本做到1小时之内完成预报并报送至水利部。据统计，黄委、松辽委、太湖局、河南省、陕西省等10个单位预报发布完成率超过95%，长江委、黄委、珠江委、江苏省、安徽省等13个单位的总体预报合格率超过70%。

2017年7月初，在发生长江第1号洪水期间，长江发生中游型区域性大洪水，中下游干流莲花塘以下江段及两湖水位全面超警。长江委七里山、莲花塘、螺山、汉口等水文站提前2~3天预报超警戒水位和超保证水位，洪峰预报误差控制在37毫米以内，三峡入库流量预见期1~3天预报平均误差4.63%~9.52%，合格率在90%左右；长江中下游干流各水文测站水位预报预见期1天平均误差8毫米以内，合格率97%以上，预见期3天平均误差25毫米以内，合格率84%以上。在汉江秋汛期间，长江上游水文局提前6~7天预报出较大洪水过程，洪峰出现时间及洪峰流量的量级把握准确。

2017年6月，湖南省湘江、资水、沅江同时出现流域性大洪水，湘江下游发生超历史洪水，全省共有109站次超警戒水位，29站次出现超保证水位，12站次出现超历史水位（图6-1）。期间，水文部门发布短期洪水预报达275站次、日常化预报370站次，洪峰预报合格率93.8%。

2017年7月，东北地区出现强降雨过程，吉林省温德河、图们江干支流等

图6-1　湖南长沙市橘子洲头受淹（7月2日）

18 条河流超警戒水位、9 条河流超保证水位，温德河口前水文站出现历史记录第一位洪水，重现期超 200 年一遇；布尔哈通河的榆树川水文站出现历史记录第一位洪水，重现期 100 年一遇。吉林省及时开展水文预报，针对"7·13"温德河洪水，预报口前水文站 7 月 14 日 1 时出现洪峰流量 3150 立方米每秒，实测为 13 日 23 时 55 分出现洪峰流量 3240 立方米每秒，预报误差小于 3%；针对"7·21"布尔哈通河洪水，预报磨盘山水文站 7 月 21 日 14 时出现洪峰流量 2000 立方米每秒，实测为 21 日 16 时 30 分出现洪峰流量 1880 立方米每秒，预报误差约 6%。

3. 提升旱情服务质量

水文部门继续强化墒情信息报送工作，推进旱情综合分析和墒情预测试点，提升旱情信息服务质量和水平。2017 年，各地向国家防总报送墒情信息的站点增至 2734 个，墒情监测覆盖范围进一步扩大；全国有 15 个单位土壤墒情人工监测站 930 处，全年报送实时信息 31490 条，平均每个站报送信息 34 条；安徽、河南、吉林等 16 个省（自治区、直辖市）结合农时，采用降雨、江河来水、水库蓄水、土壤墒情等水文要素定期开展旱情综合分析，有 18 个省（自治区、直辖市）开展了墒情预测试点工作，预测成果投入生产应用。

辽宁省及时跟踪朝阳、阜新、葫芦岛、锦州、大连等地旱情发展趋势，启动土壤墒情加密测报，由 10 天一测加密为 2 天一测，完成《旱情分析》13 期；在水田抗旱应急补水、抗旱应急调水期间，密切关注各大水库泄水情况，完成《抗旱补水简报》20 期、《大伙房水库引水简报》11 期。河南省水文水资源局通过与省气象局签订共享协议，实现了雨情、墒情等数据共享，目前气象局 230 处自动墒情站信息已经通过专线传到省水情中心，与水文部门 106 处自动墒情站信息形成了一张图，大大增加了监测信息量。

4. 推进水情预警发布

积极推进水情预警发布工作，编制出台水情预警发布管理办法，加强预警发布技术培训。截至 2017 年年底，长江委、黄委、海委、淮委、太湖局、珠江委等 6 个流域管理机构以及黑龙江、河北、安徽、重庆、甘肃、海南等 23 个省（自治区、直辖市）出台了水情预警发布管理办法，制定了 800 余个主要断面的预警指标。水文部门共发布水情预警信息 1320 条，其中洪水预警 1317 条，枯水预警 3 条，发布预警信息超过 100 条的单位有广西壮族自治区、新疆维吾尔族自治区和湖南省，其中广西壮族自治区达 722 条。山东省组织开展了水情预警发布业务培训；淮委、吉林省、陕西省等 18 个单位的水文测站预警信息由政府部门或社会公众进行订阅，珠江委、福建省、重庆市等 12 个单位的水利厅网站开发功能模块，实现了水情预警信息的网上订阅功能。

湖南省着力实施《湖南省水情预警预报工作细则》，开展中小河流洪水预警预报服务，做好水情预警信息发布，推动县级水情预警预报服务，扩大水文公共服务影响力，全年共发布洪水预警 127 条，其中红色预警 8 条、橙色预警 32 条、黄色预警 63 条、蓝色预警 24 条，为应对汛期湘江、资江、沅江三大流域大洪水发挥了重要作用。云南省加大水文信息社会服务力度、丰富水情预报成果发布手段，通过微信公众平台推送山洪预警产品、水文情报预报和特殊雨水情信息，在应急响应期间向相关部门和专家发布了滇池流域、澜沧江流域专报和汛情特别预警信息，进一步拓展服务手段和信息推送范围，扩大了预报成果应用对象，有力推动水文服务"最后一公里"的进程。河北省全力推进地市级水情预警工作，11 个地市的预警发布办法全部编制完成并上报审批，其中邯郸、衡水、沧州等 3 个地市已颁布实施。

二、水情业务管理工作

1. 规范水情业务管理

水利部水文局印发《关于开展防汛抗旱水文要素多年均值计算的通知》，各地水文部门组织开展资料分析整理，完成 9200 站日降水量、1838 站水位（流量）和 1921 站水库蓄水量资料的分析计算工作，开发了防汛抗旱水文要素均值计算专用数据库，部分资料已整理入库。

福建省为进一步加强水文情报预报工作，提升预测预报能力和水平，调动和激发水文情报预报工作人员的积极性，推进建立了水文首席预报员制度，编制印发《福建水文首席预报员管理办法（试行）》。浙江省先后修订完善了《防汛防台抗旱预案》《浙江省水文情报预报质量考核办法》《水情值班管理办法》等工作制度，根据水情业务工作特点，制定了水情工作业务的标准化流程，并将流程图绘制上墙，进一步规范制度建设，省水文局还以业务专题讲课、水情工作总结等形式，强化内部交流，推进水情业务管理的标准化规范化。

2. 召开全国防汛水文测报专题视频会议

2017 年 7 月 31 日，水利部水文局组织召开全国防汛水文测报专题视频会议，总结前一阶段全国水文测报工作经验，研究分析近期雨水情预测预报情况，对下一阶段防汛水文测报工作进行部署。水利部水文局局长蔡建元出席会议并发表讲话，针对主汛期严峻的防汛形势，要求广大干部职工按照"防大汛、防强台、抗大旱"要求，从最不利的局面考虑，尽最大努力，发扬不怕吃苦、连续作战精神，加强监测力量、加密测报频次，强化中小河流暴雨洪水的应急监测工作，强化信息报送、预报预警和安全生产，全力以赴做好防汛抗旱防台风水文测报工作。长江委、黄委、河北、吉林、安徽、福建、江西、湖南、广西、陕西等流域管理机构和省（自治区）水文单位负责人做了交流发言。

会后，各地水文部门迅速采取措施落实会议精神，组织开展汛中测验及安全检查；强化气象会商和预警预报，加强旱情分析预测；强化应急监测准备，确保设备处于战备状态，全方位投入到水文测报工作中。

《中国水利报》等多家新闻媒体对会议进行了报导。新华网以"水利部：强化水文监测预报 迎战防汛最关键期"为题做了报导；澎湃新闻以"水利部：

迎战'七下八上'防汛关键期，全力强化水文监测预报"为题进行了报导。

3. 拓宽水情服务领域

水文部门因地制宜，积极拓宽服务领域，加强水情业务管理，在城市洪涝、突发应急、在建工程、社会公众等方面开展了富有成效的服务工作。浙江省积极拓展社会服务范围和深度，在省十四次党代会、党的十九大等重要时期，打破工作常规，强化水情服务保障，加强防汛水情值班，并将值班时间延长至10月底，密切监视天气和水雨情变化，及时提供各类分析成果。山东省密切关注汛期降雨和水库蓄水变化，通过完善业务系统功能，加强对胶东半岛及南四湖蓄水增水分析，为胶东调水工程进行科学调水提供了及时有效的雨水情服务，有力保障了胶东地区用水安全。西藏自治区积极主动为政府部门、相关单位及社会公众提供水文信息服务，向国家林业局昆明勘察设计院提供了拉萨河相关水文资料，为驻地部队提供羊村水文站8月的洪峰流量资料。云南省进一步拓展水文服务社会能力，与武警部队开展减灾联防合作，提供山洪灾害气象预警信息，加强了军民合作。

4. 加强水情业务培训

各地水文部门注重加强和开展水情业务培训，学习交流水文业务技术。河北省全年举办不同范围的水情知识培训会议31次，参加培训人员369人次。福建省举办全省水文预报模型及方案培训班，培训内容包括水文预报模型及方案的编制、水文数据交换系统功能以及 ArcGIS 在水文中的应用等，强化能力建设。浙江省积极开展情报预报团队交流学习活动，对全省从事水情工作的人员开展了3期交流培训工作，较好地提升了全省水情工作的整体服务能力。安徽省成功举办全省首届水文情报预报技术竞赛（图6-2），竞赛本着以考促学的原则，旨在全面提高情报预报人员的业务技术水平，提升水文预报成果质量。竞赛分为洪水预报理论、水情业务（应知应会）和预报系统操作三个科目，涵盖了水文情报预报工作的主要内容，进一步激发了干部职工学习技术、苦练技能、敬业奉献的热情，为培养和造就一支掌握现代科技知识、具有高技术水平的水文专业人才队伍提供了坚实的保障。

图 6-2　安徽首届水文预报技术竞赛开幕式

第七部分

水资源监测与评价篇

2017年，水文部门主动作为，积极服务最严格水资源管理制度、河长制湖长制和水生态文明建设，加强跨行政区界等的水资源水量监测分析评价工作，参与第三次全国水资源调查评价，取得了显著成效。

一、水资源监测与评价工作

1. 服务最严格水资源管理制度

围绕严格水资源管理要求，各地水文部门加强重点断面水资源水量监测工作，收集整理水量基础数据，加强数据分析应用，提高信息服务水平，为最严格水资源管理制度评估考核提供了坚实的基础支撑。

一是积极开展监督性监测，编制水量分配方案，开展水资源承载能力监测预警等工作，提高水资源监控能力。长江委水文局对长江电力股份有限公司三峡水利枢纽工程、溪洛渡水电站等16个长江委发证取水户（工程）的取水许可进行日常监督管理。松辽委水文局积极配合松辽委，开展了洮儿河、阿伦河、音河水量分配方案编制工作，编写完成《松辽流域县域水资源评价报告》，为推进松辽流域水资源承载能力监测预警工作奠定基础。

二是为最严格水资源管理制度考核提供基础数据支撑。浙江省完成近40万个水功能区水质监测数据的收集整理及校对入库，开展水功能区水质监测评价8000余次，向考核办和地方各级政府提供用水总量、水功能区水质达标率等数据成果。

三是加强最严格水资源管理制度考核有关技术工作。湖北省承担了全省17

个市州最严格水资源管理制度考核技术核查以及量化评分等项工作，编制完成2016年度落实最严格水资源管理制度自查技术报告。

四是为水量调度等项工作提供信息服务。甘肃省积极服务黑河、石羊河流域调水工作，在石羊河调水工作中提供红水河（景电二期延伸向民勤调水）、蔡旗（西营河向民勤调水）水文站监测信息近500份；在黑河年度调水工作中，向黄委黑河流域管理局等单位提供雨水情、水文预报材料，发送水情信息3000余条。

2. 服务河长制湖长制

根据《中共中央办公厅　国务院办公厅印发〈关于全面推行河长制的意见〉》和《水利部　环境保护部贯彻落实〈全面推进河长制的意见〉实施方案》，水文部门主动跟进，充分发挥水文行业优势，积极服务河长制湖长制工作，参与编制各地河长制工作方案和工作指导意见、一河（湖）一策方案等前期工作和制度建设，开展河湖基本情况调查，优化水文监测站网，编制监测技术方案，加强水文监测和数据分析评价，为评估河湖生态健康状况、调查评价河湖自然资源等提供技术支撑，为河长制湖长制考核提供基础依据。

一是加强组织领导，出台相关文件，积极服务河长制工作需要。江西省成立了由省水文局主要负责人任组长的河长制技术支撑领导小组，统筹协调相关工作，编制印发《江西省水文局技术支撑服务河长制工作指导意见》。湖北省出台了《湖北水文全面服务河湖长制工作的指导意见》，各市州水文局主动发挥服务河湖长制的水文专业优势，主动作为、积极融入当地河湖长制工作，全省多个市州、县级水文局被列为当地推行河长制湖长制工作责任单位。

二是开展河湖基础信息调查整理和监测信息服务，为河长制湖长制落实提供重要技术支撑。江西省对河湖水库的基础信息进行了系统的收集、整理和提炼，形成全面的江河湖库基本信息资料。浙江省将水功能区水质达标率纳入"五水共治"和河长制考核实施方案，提供全省纳入"十三五"最严格水资源管理制度考核的水功能区水质监测断面基础信息和2010—2016年全省水功能区水质达标成果等。

三是加强水文监测分析评价，编制有关的技术方案。江苏省开展水文服务全面推行河长制和生态河湖行动计划，编制水文监测评价体系建设总体方案、以秦淮河为试点的近期建设方案、水文站网布局优化调整方案，编制省级领导担任河长的重点河湖水功能区和水源地监测评价报告；各水文分局开展市县委托的水量水质监测评价，及时完成了水功能区达标"一区一策"编制工作。

3. 服务水生态文明建设

各地水文部门不断加强水文监测业务，重要水功能区、行政区界断面、水源地等水量水质监测能力不断提高，向有关部门提供水资源量、水资源开发利用量与水资源质量评价相关数据材料，开展生态流量控制试点以及水资源承载能力评价工作，为水生态文明建设提供重要支撑。

一是加强监测实验基地和平台建设，为水生态保护、生态补偿机制建立等提供决策依据。江西省鄱阳湖水文生态监测研究基地成功申报江西生态文明示范区园区类基地，目前正在开展二期项目建设，建设"三库一室一平台"（样本库、标本库、藻种库，水生态实验室，数据库及信息展示平台），朝着"感控一体化、数据大集中、服务多层次、保障全方位"的智慧源区的目标发展。

二是开展水质专项调查，加强水生态监测与分析评价工作。广东省全面实施流溪河水生态综合监测试点，基本完成水生态展览馆设计方案以及水生物实验室仪器设备的配置，每季度对150座重要供水水库、藻类进行监测与调查分析，并对藻类水华风险进行评估、开展监测预警，编制水库水生态简报，组织开展《广东省河流水生态健康评价指标体系及评价方法研究》科技创新项目，提出了水生态健康评价指标体系和评价方法，为开展水生态健康评价提供指导依据和评价标准。广西壮族自治区南宁市、桂林市和玉林市开展了城市内河和供水水库藻类监测工作，对河流水生态敏感区开展水质专项调查，2017年开展了南流江流域和黑水河流域专项调查，编制完成《南流江干流和支流水质污染严重》《黑水河干流和支流局部河段水质污染严重》等水资源质量专报。

三是开展生态流量控制试点工作和水资源承载能力评价。安徽省编制了《安徽省淮河流域沙颍河生态流量控制试点实施方案》《安徽省颍河河道控制断面生态流量监测方案》，并启动颍河生态流量监测分析和信息发布工作，完成《安徽省水资源承载能力评价》报告。

4. 加强跨行政区界水资源水量监测

跨省江河流域省界断面水资源水量监测是水资源管理的重要基础工作，是流域各省级行政区水量分配、取水总量控制管理的重要依据。2017 年，各流域管理机构和各地水文部门加快推进省界断面监测站网建设，强化行政区界水资源水量监测工作，水资源水量监测能力持续增强。

长江委加快流域省界断面水资源监测站网建设，一期安排新建的 7 个省界水量监测站点已基本建设完成，二期安排的 17 个水文站正在抓紧建设中。长江委还组织编制《长江流域重要控制断面水资源监测通报》，开展水量监测比测试验，对南水北调中线工程渠首引调水的监测水量进行比测实验，使用流速仪、ADCP 开展流量测验共计 100 余次，为提高南水北调中线工程陶岔水量监测精度提供了基础分析资料（图 7-1）。江苏省加强行政区界水资源水量监测，对 30 处苏南行政区界断面开展水文监测工作，监测项目包括流速和流向，监测频次为每周 1 次。广西自治区优化完善水资源监测站网，加强水质水量同步

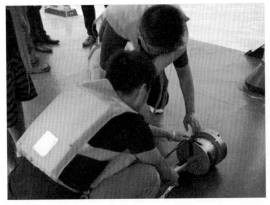

图 7-1　长江委国产 ADCP 现场比测

监测，完成 355 个水文站、246 个国控水功能区、87 个省控水功能区、42 个跨设区市界断面、25 个饮用水源地、32 个主要入河排污口和 6 个地下水井的年度水质水量监测工作，其中国控水功能区监测覆盖率达 100%，省控水功能区监测覆盖率 34.2%。

5. 开展第三次全国水资源评价

各地水文部门积极参与第三次全国水资源调查评价工作，按照《全国水资源调查评价技术细则》和流域第三次水资源调查评价工作大纲等要求，成立第三次水资源调查评价工作领导小组和技术工作组，编制工作方案和工作大纲，明确评价范围、组织形式、主要任务及进度安排等，组织开展技术培训，开展基础资料的收集整理，形成了初步评价成果。

贵州省成立了第三次全省水资源调查评价工作领导小组及办公室、第三次全省水资源调查评价联络小组和第三次全省水资源调查评价技术工作组，明确技术牵头单位为省水文局，组织编制完成了《第三次贵州省水资源调查评价工作方案》和《第三次贵州省水资源调查评价工作大纲》。陕西省在第三次全国水资源调查评价工作中，对降雨、径流、蒸发、水质等水文资料和供用水量、社会经济指标资料等进行全面收集整理，对缺漏资料进行插补，对资料进行合理性检查；全面收集第一次水资源调查评价、综合规划水资源调查评价、承载能力水资源量和近年来水资源公报等成果，编制完成《陕西省第三次水资源调查评价技术大纲》《陕西省第三次水资源调查评价工作大纲》等，全面开展第三次水资源调查评价工作。甘肃省水文局按照省水利厅统一安排部署，牵头承担了第三次甘肃省水资源调查评价工作，积极协调各方力量，组织召开 6 次工作会议（图 7-2），及时协调解决工作中遇到的问题和难点，针对水量还原、地下水评价、饮用水源地水质调查、经济社会用水调查以及水生态调查等内容开展了业务培训，培训全省各相关单位技术骨干 460 多人次，提高了调查评价工作质量，目前各项工作正在有序推进。

图 7-2　甘肃省第三次水资源调查评价培训班和咨询会议

二、地下水监测工作

2017 年，水文部门全力以赴，顺利完成"国家地下水监测工程"建设主体任务，地下水监测站网布局逐步完善，在此基础上，各地开展了大量地下水日常监测和资料整编、区域地下水分析评价以及信息服务和成果发布等相关工作，地下水监测工作稳步推进。

1. 地下水监测与评价

2017 年，水利部水文局组织编制完成《地下水动态月报》12 期。《地下水动态月报》汇总分析了北京、天津、河北、山西、内蒙古、辽宁、吉林、黑龙江、江苏、安徽、江西、山东、河南、湖北、甘肃、青海、宁夏、陕西、新疆等 19 个省（自治区、直辖市）每月向水利部报送的浅层地下水水位（埋深）和逐月蓄变量等动态信息，报送站点约 2600 个，范围涵盖了松辽平原、黄淮海平原、山西及西北地区盆地和平原、江汉平原等，内容包括主要平原区降水情况、浅层地下水埋深分布及月、年对比变化等。一年来，《地下水动态月报》向全国水文系统及相关部门累计发放 2100 余册，电子版在水利部主页数据栏向公众发布，可全文浏览。

北京市为及时反映南水北调工程对于地下水的补给动态，开展了刘两河、大胡营、永定河砂石坑等区域地下水位监测，为南水北调受水区水资源科学调度与管理提供科学依据。同时，进一步优化了全市地下水分区县考核平台，平台预测成果纳入到最严格水资源管理考核指标体系，提升了水文在落实最严格水资源管理制度方面的服务能力。北京市水文总站全年共收集地下水基础数据约10万组，与地质矿产勘查开发局联合发布北京市地下水动态简报12期。

内蒙古自治区分析地下水开采状况，共划定超采区33个，地下水监测工作为超采区水位水量双控治理提供了重要技术支撑。根据33个超采区现有270处地下水自动监测站的实时水位监测数据，通过对地下水监测分析与评价，强化地下水压采措施、加大地下水压采力度。

吉林省根据本省地下水整编工作特点，结合监测工作实际，编制完成了《吉林省地下水资料整汇编规程》，作为省级地方标准执行。按照吉林省人民政府公布的地下水超采区名录和范围，结合地下水超采区现状及成因调查，坚持问题导向，编制完成了《吉林省地下水超采区治理方案》。

山东省在开展国家地下水监测工程建设和日常监测工作基础上，完成了地下水超采区综合整治相关工作。一是参加了水利厅组织的超采区综合整治重点县核查和工作督查，协助水利部考核组对山东有关市县超采区地下水压采工作进行检查督导，编制完成了《山东省南水北调受水区地下水压采实施方案》《山东省地面沉降区和海水入侵区地下水压采实施方案》。二是组织开展超采区监测工作，规划设计全省超采区监测站网，编制完成工程设计报告，组织开展全省超采区地下水水质监测、地下水位统测及监督性监测工作。

河南省每年上半年组织地市水文部门对上年度地下水监测数据进行整编和汇编工作，并刊印《河南省地下水资料年鉴》，编制《河南省地下水通报》4期、《河南省地下水动态及监测管理月报》12期，向水利系统内外发布，内容主要包括地下水埋深、同比环比埋深变幅、蓄变量情况及地下水漏斗情况等，取得了良好成效。

四川省2017年开展了46处省级地下水站的地下水人工监测试验工作，主要监测项目为埋深、水温和水质，埋深监测频次为每月 6 次，水温监测频次为每年 4 次，水质监测每年 1 次或 2 次。四川省水文局以成都平原 24 处监测井数据为基础，编制了《成都平原地下水通报》（季报及年报）。人工站监测资料随水流沙资料一起参加资料整编复审入库工作，还组织开展了地下水超采区评价工作，以水文地质单元为基础，以全省 21 个行政市州为具体评价对象，编制完成了《四川省超采区评价报告》。

陕西省地下水管理监测局开展地下水水位、水温、监测等工作，并对监测资料进行了及时收集、整编。编制完成《陕西省水资源公报（地下水）》《陕西省水资源简报（地下水）》《地下水通报》《地下水动态月报》和《陕西省地下水监测成果报告》等成果报告；编制完成了《陕西省地下水超采区监控简报》，为全面掌握超采区地下水动态、治理效果提供了依据。2017 年 3 月和 8 月，组织开展了两次地下水水质监测，完成了 244 处地下水水质监测站点的水样采集和化验工作，并编报了《全省平原区浅层地下水水质监测简报》。2017 年投资 230 万元，组织开展了野外调查，收集全省范围内相关地下水基础资料进行统计和分析，划分地下水资源评价单元及评价类型区，为下年度工作做好准备。

甘肃省水文水资源局承担甘肃省地下水超采区复核评价工作，共划定 33 个超采区。根据第三次《全国水资源调查评价工作大纲》，划分地下水平原区和山丘区计算单元，进行基础资料的收集和调查，并对全省山丘区的河流进行基流切割，得出了初步成果。

2. 地下水分析评价研究

水利部水文水资源局委托河海大学完成了"地下水模拟及预测模型研究""典型平原区水文地质单元内边界对地下水埋深等值线的影响"等研究课题，委托中国水利水电科学研究院完成了"地下水监测异构数据库共享技术与分析成果合理性研究"，为平原区浅层地下水动态信息的分析评价和《地下水动态月报》的编制提供了技术支撑。

海委集中技术力量优势，积极与大专院校、科研院所开展项目合作和申报，承担了科技部水资源重点专项项目"地下水超采下的地表水—土壤水—地下水资源转化机理与模拟"，围绕大埋深条件下地表水—土壤水—地下水转化机理、模式构建及水文水资源预报预测等 3 个关键内容展开研究，项目的成果应用将为实现海河流域等严重缺水地区的地表水—土壤水—地下水资源的精准模拟与预测提供支持。

黑龙江省承担了"基于跨国界含水层的三江平原地下水资源研究项目"，重新评价了三江平原地下水资源量。山东省组织开展了超采区课题研究有关工作，包括北胶莱河流域新河苦（咸）水入侵区储量评价及开发利用研究，潍坊市咸水入侵时空演变规律及防治研究，威海海水入侵机理研究等。陕西地下水管理监测局与中国水利水电科学研究院合作，在关中地区开展"陕西省关中地区地下水位指标制定与考核办法深化研究"，深化现有考核方案，提出改进地下水位考核方案建议，为全省地下水资源管理工作发挥积极作用。

三、旱情监测基础工作

水利部水文局加强指导和推动墒情监测各项工作的开展，流域管理机构和地方水文部门进一步提高土壤墒情监测水平，加强旱情监测信息服务，编制了旱情简报、专报、月报和年报等，为抗旱减灾、水资源可持续利用等提供技术支撑。水利部水文局组织编写了《土壤墒情监测与分析预测应用技术》并出版发行，作为专业培训教材，指导土壤墒情监测与分析预测工作。按照《全国水文基础设施建设规划（2013—2020 年）》中期修编要求，组织开展了墒情站建设需求调查和规划评估工作，为重点地区墒情监测规划建设提供依据。委托水利部水文仪器及岩土工程仪器质量监督检验测试中心，开展了第五批土壤水分监测仪器的产品检测，提出了检测合格产品目录，对规范水利行业土壤水分监测设备仪器准入机制，保障土壤水分监测设备仪器产品质量具有重要意义。

各地结合实际需要，加强墒情监测站网建设，开展墒情监测仪器设备比测工作，加强墒情监测信息的收集和报送，拓展旱情信息服务内容和范围，强化旱情信息分析，为科学指导抗旱工作提供技术支撑，更好服务经济社会发展。

一是开展了大量墒情自动监测仪器的比测工作，提高墒情仪器监测精度。浙江省完成新建的 15 个墒情站实时墒情数据采集和报送工作，开展杭州地区已建墒情站的水分传感器比测工作，支撑墒情仪器精度率定，满足土壤水分实时监测需要；山东省组织对国家防指二期工程建设的 123 处固定墒情站和 123 套移动墒情监测设备开展比测工作，共比测 4428 站次、采集墒情数据 13284 组，比测分析成果达到验收标准。

二是补充完善墒情监测站网建设，提升墒情信息采集手段，提高墒情监测自动化程度和信息传输时效性。新疆维吾尔族自治区 2017 年完成国家防汛抗旱指挥系统二期自治区土壤墒情建设项目的工程验收和合同验收，建设 87 个固定墒情站、87 个移动墒情采集点，部署了 14 套墒情采集标定设备和水情中心墒情信息接收设施（图 7-3）。

图 7-3 国家防汛抗旱指挥系统二期工程新疆土壤墒情建设项目

三是加强墒情仪器监测数据分析整理和信息服务工作，在干旱预警、灾情评估、救灾工作中发挥了重要作用。淮委每月收集旱情资料，开展旱情预测预报分析，制作流域墒情分布图，编制旱情简报、专报、月报和年报等，并在《旱情简报》中增加了省界断面水资源量分析成果。吉林省完成 34 处人工墒情站、107 处自动墒情站的全年监测及数据处理、入库及报送工作，全年采集 8 万余条人工墒情监测数据、26 万余条自动墒情监测数据，在受旱期间提供五日一报的旱情信息服务，并编制了《墒情专报》28 期。重庆市从 2017 年 5 月 1 日起每旬向水利部报送土壤墒情监测数据，伏旱期向市防办通报墒情实况及预测成果。

四、水资源监测信息服务

各地水文部门在做好水资源监测与分析评价等工作基础上，努力提高水资源监测服务信息化水平，推进水利部门及与外部门间的信息共享交换。通过开展基础性、公益性的水资源信息服务，为社会公众了解区域水资源状况提供重要渠道，为国民经济社会发展及水利相关规划、水资源管理、节约与保护等提供技术支撑。

水利部编制完成和出版发行《中国河流泥沙公报（2016）》，为防治水土流失、减轻泥沙灾害、合理开发水土资源、维护生态平衡、以及流域水利水电工程建设规划、设计、管理等提供科学依据。《中国河流泥沙公报（2016）》面向社会公众发布，电子版可在水利部主页部门公报栏全文浏览。

各地水文部门强化水文水资源监测信息的资料共享和成果服务，通过不同服务形式向地方政府及相关部门报送或通过网络媒体对外发布，发挥了积极作用，扩大了社会影响。各地结合实际业务需求，编制了水资源公报、水资源简报、水资源质量年报、河流泥沙公报、地下水动态月报、重要水功能区水质通报等，为防汛抗旱、水资源管理和水生态保护与修复等方面提供了有力的支撑服务和决策依据。湖南省首次以公开出版发行的形式向社会发布《2016 年度湖南省水资源公报》和《湖南省水资源调查评价》，为政府宏观调控决策和社会公众关心了解水资源开发、利用、治理、配置、节约和保护提供可靠支撑。广西壮族自治区大力推行"一张纸"和"一键式"短信快报，提升信息服务质量和针对性，发布《广西水资源监测信息月报》《主要城市供水水源地质量月报》《跨设区市界河流交接断面水质水量监测评价月报》《广西水资源质量年报》《广西主要河流泥沙公报》等。

五、城市水文工作

水文部门围绕国家推进海绵城市建设，积极推动城市水文工作，在城市水文站点布设和防洪排涝、供水安全保障、水生态保护修复的监测分析等方面开展了大量工作。

水利部水文局持续推进城市水文工作推动、技术指导和业务培训等，城市水文试点城市增加至了 62 个；2017 年 6 月在成都举办了"全国城市水文监测技术培训班"（图 7-4），针对城市暴雨洪水过程模拟与海绵城市建设评价、

图 7-4　全国城市水文监测技术培训班

水资源监测及传输应用技术等方面，面向全国从事城市水文及水资源监测技术与管理人员进行了培训，加强城市水文和水生态监测技术应用，推动城市水文工作开展。

北京市、山东省济南市、河北省沧州市、浙江省温岭市、河南省郑州市等结合国家海绵城市建设试点，编制城市水文建设规划，加强城市水文监测站网建设，提升城市水文监测技术水平，开发城市水文应用服务系统，发布城市水文信息等，为城市防洪预警和应急调度、城市供水安全保障等提供决策依据和技术支持，城市水文工作取得了成效。

北京市结合有关城市规划和海绵城市建设开展城市水文试点研究，启动并完成城市水文站网建设规划，编制了城市副中心流量监测方案，为海绵城市建设方案评估提供参考；开展城市典型区域流量监测，在管涵的排水监测方面实现技术突破，汛期成功监测了 5 场次降雨在亦庄和方庄形成的排水过程；开展三角形剖面堰水位推流应用研究，通过实测资料和理论曲线比对，验证了三角形剖面堰应用于北方干旱地区开展小水精测的可行性，减轻了巡测工作量。

山东省扩大城市水文试点，深入推进城市水文工作，取得显著进展。济南市建成河道、立交桥、低洼地和四大泉群的水文监测站点 126 处，并共享了城管、交通视频监控点 92 处。青岛市水文局建成了较为完备的城市水文监测站网，有雨量站 130 处、水文站 12 处、水位站 81 处。聊城、泰安、枣庄等城市水文前期工作不断推进，编制的有关规划通过会议审查。日照市编制完成《日照市城市水文规划》并通过了日照市人民政府组织的专家技术评审，规划总投资额 2031 万元。

河北省沧州市积极开展城市水文工作，优化调整水文站网，加强城市水文监测信息服务。在市区暴雨积水期间，每隔 1 小时将市区降水及主要积水点的监测数据发送给政府及有关部门，为政府部门决策提供水文信息。在场次暴雨停止后的 8 小时内，将有关降水量、积水点的最大积水深度、积水持续时间、坑塘蓄水量变化等综合信息以《城市水文简报》报送市政府、市防办、城市管理局等部门，并以《城市水文公报》形式发布年度城市水文信息。

浙江省温岭市开发水文综合管理平台，建成水雨情信息监测、在线水文分析、水文站网管理等模块，实现水位、降雨、流量等监测要素的实时查询，水文测站水尺水位定时抓拍图片查看，历史水文数据相似性分析，水雨情报表快速生成，以及测站基本信息统一管理、测站运行状态管理和设备异常处理等业务功能。

河南省郑州市开展城区暴雨洪涝预警预报服务系统研究，构建了郑州市暴雨洪水模型，建立了郑州市内涝动态仿真系统，根据历史降雨资料和设计降雨识别郑州市暴雨洪水风险，根据遥测实时雨量数据或雷达预报雨量数据对郑州市暴雨洪水进行预报预警。

第八部分

水质监测与评价篇

2017 年，全国水文系统着力夯实水质监测工作基础，以建设现代化的水质监测体系为目标，持续加强监测能力建设，努力拓展监测服务范围，全面强化监测质量和安全管理，推进制度和标准体系建设，创新监测技术与管理模式，水质监测支撑能力和服务水平迈上新台阶。

一、水质监测基础工作

1. 水质监测能力建设持续加强

水利部水文局根据《全国水文基础设施建设规划（2013—2020 年）》，组织长江委水文局和黄委水文局、各流域水环境监测中心、水利部水环境监测评价研究中心等单位编制完成《水资源监测能力建设可行性研究报告（2018—2020 年）》。

全国水文系统在全面提升实验室检测环境和能力的基础上，以提高水质监测效率和质量为重点，加大高新技术仪器设备投入力度，持续推动水质监测能力建设的自动化和智能化。

一是水质实验室检测能力得到加强。一年来，各地水环境监测中心（水质实验室）建设投入稳定增长。北京市共投资 614 万元推动各区县水环境监测分中心建设，丰台区水环境监测分中心购置 70 台套水质检测仪器设备，分中心建成并投入运行；海淀区水环境监测分中心对实验室通风系统和消防报警系统进行重建，增加了烟感系统和消防喷淋设备，改造了实验室照明和地面装修。内蒙古自治区全年共投资 1441 万元，用于自治区水环境监测中心和阿拉善盟、锡林郭勒盟、赤峰市水环境监测分中心等实验室能力建设，自治区水环境监测中心购置了三重四级杆电感耦合等离子体质谱联用仪、气相色谱工作站等 7 台大型仪器设备，各水环境监测分中心购置电感耦合等离子发射光谱仪、气相色谱仪等仪器设备共计 25 台套；赤峰市水文局自筹资金 1100 万元，新建了 1090 平方米水质实验室并投入使用；呼伦贝尔市水文局投资 800 万元，用于建设 1200 平方米的水质实验室。辽宁省完成了省水环境监测中心的液相色谱质谱仪、气相色谱质谱仪及各地市水环境监测分中心的连续流动分析仪等设备的安装调试与使用，各水环境监测分中心 90% 的监测项目采用了自动化程度较高的仪器分析方法。安徽省新建了滁州市水环境监测分中心实验室，配备了连续流动分析仪、等离子发射光谱仪等仪器设备。西藏自治区投入 600 余万元配置气相色谱仪、液相色谱仪等 10 台套仪器设备。青海省投资 1200 万元采购电感耦合等离子体质谱仪、气相色谱质谱仪等大型仪器设备 17 台套。

二是加强了水质自动监测站建设。2017 年，山西省建成静乐、漳泽水库 2 个水质自动监测站。黑龙江省完成大庆水库、寒葱沟水库、五号水库等 10 个水源地水质自动站建设工作。广东省在已建成的 13 个水质自动监测站基础上（图 8-1），投资 4494 万元新建 44 个在线水质自动监测站，预计 2018 年完工验收，投资 3387.28 万元拟建 52 个在线水质自动监测站，已完成招投标工作。

三是水质监测信息化建设加速推进。2017 年，长江委水文局实验室信息

图 8-1　广东省马口水质自动监测站

管理系统正式投产应用，与各水环境监测中心签订了《实验室信息管理系统推广应用工作责任书》，推动系统深入开发和应用。太湖局初步构建了水环境监测中心计算及存储资源云平台，升级实验室信息服务系统，实现仪器数据在线采集、通报简报底稿自动编制、测试报告在线制作、质控数据统计、水生态多样性计算等多项实用新功能。辽宁省组织完成了水质实验室信息管理系统二期开发工作，扩展了新进设备数据自动载入的能力，部署了实验室管理系统手机端应用软件，进一步提高实验室管理和检测工作的信息化程度。吉林省已建成实验室信息管理系统，包含1个省水环境监测中心和8个地市水环境监测分中心实验室，形成水环境监测、数据管理及信息服务的综合信息化管理体系。湖北省编制完成《湖北省实验室信息管理系统技术方案》《水质采样综合管理系统技术方案》和《水环境质量评价系统技术方案》，已签订水质实验室信息管理系统建设合同，并启动了恩施州水环境监测分中心实验室的试点建设工作。

2. 水质监测范围不断拓展

全国水文系统水质监测范围不断拓展，包括地表水、地下水、入河排污口以及大气降水等的水质监测；水质监测站网日益完善，监测断面功能涵盖水功能区、饮用水水源地、省市县界等行政区界、调水水质和水生态监测等；监测项目逐步增加，由常规水质监测项目拓展至有毒有机污染物、浮游动物、底栖动物等。水质监测为水生态文明建设、河长制湖长制工作推进以及最严格水资源管理制度考核等工作提供了坚实技术支撑。

一是地表水水质监测工作扎实开展。松辽委完成跨界界河水质监测分析工作。北京市贯彻落实《国务院关于印发水污染防治行动计划的通知》和《北京市进一步聚焦攻坚加快推进水环境治理工作实施方案》，完成256个地表水监测站点常规监测任务，在此基础上组织对全市141段、长度约665公里黑臭水体进行加密监测，采用传统的水质监测和遥感调查等手段对全市黑臭水体进行跟踪监测,对建成区57条黑臭水整治效果开展评估并进行了现场复核(图8-2)。对全市835个规模以上(连续排放或入河湖废污水量大于1万吨每年的间歇性排水口)的入河排污口进行复核;调查规模以上入河排污口共计355个,其中污水厂站的退水口178个,非污水处理厂站的入河排水口177个。继续开展全市典型水域水生态监测工作,选取"永定河绿色生态走廊"等6个水库、6个湖泊及6条河流设置监测断面共计32个;组织对北京市境内南水北调输水沿线的15个站点进行加密监测,每周监测一次,监测13项藻类和富营养等指标,出具水质周报和水质短信各40期。内蒙古自治区对244个国家重要水功能区和316个自治区级水功能区实施全覆盖监测,全年按月监测水质。江苏省组织南水北调工程沿线的水文分局,对输水渠关键节点进行水量水质状况同步监测,其中水质断面44处,其监测成果直接为南水北调工程提供基础数据。贵州省完成271个省级水功能区的全覆盖监测,监测成果为"十三五"期间各级人民政府对市州和县域经济发展综合测评提供技术支撑。福建省完成117个国家重要水功能区的全覆盖监测,以及105个县级以上供水水源地监测,开展厦门金砖会晤水资源质量保障性监测等专项监测工作。

二是地下水水质监测工作有序推进。水利部水文局继续组织开展年度流域地下水水质监测工作,各流域监测机构全年共组织完成2145处地下水站的

图8-2 北京市开展
黑臭水体整治效果
公众评议调查

近6000个水质监测样品的采集、送样、分析化验和评价工作。各地依据SL 219《水环境监测规范》和GB/T 14848《地下水质量标准》开展地下水水质监测。天津市开展了12个区县90处地下水监测站的水质监测工作，每年分丰水期和枯水期进行取样，检测参数包括8个有机项目和37个无机监测项目。安徽省对淮北平原区173处地下水站开展水质监测，河南省对227处地下水站开展水质监测，监测频次为每年2次。湖北省布设了地下水水质监测站11处。广东省布设地下水站52处，监测频次每年2次。四川省全年完成13个地下水站的水质监测与评价工作。甘肃省对内陆河流域116处地下水站开展了水质监测。

三是水生态监测工作不断加强。太湖局组织开展了太湖流域重要饮用水源地和重要湖库浮游植物、浮游动物等重要水生态指标的监测，掌握了国际上普遍采用的5大类水生生物指标监测方法；建立了室内监测、视频监视、现场巡测、遥感监测和模型预测为一体的水华立体监测技术体系，较为全面地掌握了太湖的蓝藻水华状况；探索了人工样方调查和仪器走航式调查相结合的水生植物监测技术体系，填补了国内水生植物调查技术方法存在的空白。河北省开展岗南水库、黄壁庄水库、大浪定水库和衡水湖等四个湖库藻类监测，组织开展白洋淀水文水生态调查与监测工作。江苏省继续开展辖区内省管湖泊、大型水库的藻类监测工作（图8-3），选择性地开展浮游动物、底栖动物

图8-3　江苏省开展湖泊水生态监测

等典型指标监测；继续对太湖水源地及湖体进行巡查，记录蓝藻生长及发展情况等。湖北省继续在恩施、宜昌等 6 个市州开展了以常规监测为基础，结合生态调查的水生态监测工作，完成武汉市东湖、洪湖湿地以及其他 10 个湖泊、12 座水库、2 条河流共 32 个站点的藻类监测任务。

四是入河排污口调查监测全面开展。为做好长江经济带入河排污口核查等工作，根据长江委统一部署，长江委水文局完成长江流域 8900 余个规模以上入河排污口的现场调查、资料收集及复核工作，基本摸清了长江流域入河排污口现状；参与完成了长江流域 800 余个入河排污口的资料复核及补勘工作，为整体推进长江流域入河排污口监控能力建设提供了重要的技术支撑。太湖局开展流域重点入河排污口调查监测，完成 211 个监测点的样品采集，收集水质数据 5064 个，编制简报 5 份；完成长江经济带 92 个入河排污口调查工作，掌握了流域内入河排污口基本信息和分布状况。2017 年，黄委以及北京、天津、河北等 24 个流域管理机构和省（自治区、直辖市）水文部门均开展了入河排污口调查与监测工作（图 8-4）。

图 8-4 黄委水文局入河排污口水质样品采集

3. 突发水事件应急监测及时高效

全国水文系统不断加强水质应急监测能力建设，在 2017 年多起突发水事件中，科学组织有序应对，及时开展水质监测工作，为各级政府和有关部门科学决策提供技术支撑。

黄委水文局完成载有粗苯罐车坠河致汾河苯污染事件、栾川县钼矿企业尾矿坝决口污染事件等 6 次水污染事件应急处置工作。山西省及时应对运城市新绛水污染事件和静乐汾河支流水污染事件，前往现场调查采样检测，及时为事件处置提供数据。海南省完成陵水县分界洲岛旅游景区入口处河流水质污染、文昌东路水库微囊藻异常等应急监测，及时出具水质检测报告。2017 年 8 月，九寨沟地震后，四川省立即启动应急响应，第一时间奔赴九寨沟彰扎镇地震灾区进行水质应急监测，共设置了 3 个断面和 11 个监测项目，持续监测 3 天，为决策指挥部门提供了及时可靠的水质监测数据。云南省成立应急监测队伍，划分应急监测区域，编制应急监测工作制度，完成了怒江流域金属超标调查、文山州丘北县拟建水库的水质应急监测等工作，指导完成丽江市黑龙潭水库水体颜色异常调查工作。为进一步提高水质检测人员的现场检测能力，确保移动实验室开展应急监测各项性能达到正常使用要求，7 月 26—28 日，甘肃省水环境监测中心开展了野外条件下水质应急监测演练，采样人员及检测人员负责水质样品的采集与分析，驾驶员负责对车辆各项性能的测试（图 8-5）。检测人员运用水质等比例采样器现场进行了水样采集以及石油类、氨氮、镉、pH、电导率和浊度等项目的现场测定。通过水质应急演练，检查了省水环境

图 8-5　移动实验室内部水质检测

监测中心应对突发水污染事件所需物资、装备、技术等方面的准备情况，积累了恶劣气象条件下开展应急监测的经验和能力，达到了预期目标。

4. 全面推行河长制积极作为

发挥水质监测的技术优势，各地水文部门积极行动，为全面推行河长制提供技术服务。

山西省编制完成《山西省主要河流市级跨界、支流口和入河排污口监测方案》《山西省主要河流市级跨界、支流口和入河排污口水质在线监测站选址方案》。浙江省制定了水功能区水质达标率纳入"五水共治"和河长制考核实现方案，提供水质监测断面基本信息、达标成果、成果数据5万余条。福建省积极为河长制工作提供闽江、九龙江和鳌江等流域水质监测与评价成果，做好河长制联系工作，做好水利系统与环保系统水质监测站点的统计与站点设置对比工作。河南省承担统一监测体系相关工作，完成与环保站点的核对，提出双方监测资料共享的方案，及时为河长制办公室提供有关水质信息和资料。重庆市结合水利、环保系统现有监测断面情况，对河长制水质监测断面设置需求进行了梳理，提出了监测断面踏勘方案和水质自动监测站建设预算方案，配合开展河长制信息化一张图建设工作。宁夏自治区开展对134处断面水质的水量每月同步监测和数据分析报送工作，为"一河一策"制定和推进河长制提供水文技术服务。

二、水质监测管理工作

1. 水质监测质量与安全管理持续加强

根据《中共中央办公厅　国务院办公厅关于深化环境监测改革提高环境监测数据质量的意见》精神，水利部印发了《水利部办公厅关于进一步确保水质监测数据质量的通知》（办水文〔2017〕197号），要求进一步加强水利系统水质监测质量管理，明确管理职责，建立监测活动可追溯机制，确保监测数据质量。水利部水文局印发《关于开展2017年度水质监测质量管理工作的通知》和《关于全面加强水质监测涉及危险化学品等安全管理工作的通知》，组织开展并完成了全国水文系统297个实验室1203项次的质量控制考核和67个实验室的质量管理监督检查工作，部署开展了水质实验室自查工作，结合水利质量管理监督检查，重点加强实验室安全管理检查。2017年10月底，水利部水文局还在北京举办了水质监测质量管理培训班，通过专家授课、实操考核等形式，对80多人开展水质监测质量管理、水环境新兴污染物监测技术、仪器设备原理及操作方法培训。

各级水文部门持续开展质量控制和管理工作。珠江委组织完成流域片水利部门水质实验室与第三方实验室的省界断面水质监测比对试验。太湖局组织流域片32家监测单位开展挥发酚和硝酸盐氮项目盲样考核，组织对江苏、浙江、上海和福建等省（直辖市）共计11家单位承担的22个国家重要水功能区进行水量水质同步监测。山东省组织全省17个实验室参加电导率、氟化物和镉等3个项目的实验室比对试验；采取省水文局会同地市水文局联合采样、分样分析、监测结果互相通报的方式，对青岛市、淄博市和潍坊市开展了监督性监测，同时组织各地市水文局开展相邻地市界水功能区水质站点比对监测。湖南省对14个地市水环境监测分中心和10个农村饮用水水质中心进行现场盲样考核、人员比对、实验室比对等多种形式的监督性检测。

2. 水环境监测制度建设不断完善

各地水文部门积极探索创新水质监测制度建设，推动规范监测技术标准，为推进地下水水质监测与评价工作夯实基础。长江委制定并印发了《长江委水文局水环境监测质量优胜奖评比办法》，组织修编印发了《水环境监测技术补充规定（2017）》，组织修订《长江委水文局水环境监测手册（初稿）》。浙江省针对委托采样、标准查新和关键岗位人员任用这三个关键环节印发《委托采样及检测业务管理暂行办法》《标准查新工作实施细则（试行稿）》《分中心关键岗位人员任用暂行规定》等管理文件，同时，健全各级安全责任制度，修订了《实验室安全管理制度》和《安全生产事故应急预案》，强化实验室检测质量与安全制度建设。广西壮族自治区积极探索水环境监测管理改革，研究制定了《广西水环境监测管理改革实施意见》《关于明确购买水质采样服务有关事项的通知》和《关于明确水质采样业务预算编制有关事项的通知》，通过改革创新，建立适应新常态的水质监测体系，构建职能清晰、结构完善、保障有力、运转高效的水环境监测机构。

三、水质成果报告编制

1. 监测与评价成果丰富

2017 年，全国水文系统及时汇总分析水质监测数据成果，按规范要求开展评价工作，编制完成各类水质评价报告，为各级政府及相关部门提供技术支撑和决策依据。水利部水文局组织编制完成《2016 年度流域地下水水质状况报告》，成果纳入《2016 年中国环境状况公报》和《2016 年中国水资源公报》；组织编制完成《中国地表水资源质量年报 2016》。

各地水文部门结合业务实际，进一步加强成果分析应用，形成各具特点的专题报告。江西省收集鄱阳湖流域水生态样本与基础数据，编写《鄱阳湖水生态研究中心"三库一室一平台"建设实施方案》，完成《江西省河湖名录》《鄱阳湖河湖相判别及水质监测评价体系研究》，提交了《江西省地表水功能区复核与调整》《江西省重点入河排污口名录》成果报告。山东省为进一步提升水文服务于水生态环境保护水平，编制完成《2016 年度山东省水生态环境质量监测年报》。云南省水文水资源局和省水利水电科学研究院合作完成了《程海湖健康评估及可持续利用对策研究技术报告》，编制完成《阳宗海水生态系统监测报告》和《异龙湖水生态系统监测报告》。

2. 科研项目成果丰硕

2017 年，在完成水质常规监测任务的基础上，全国水文系统积极探索，加强科研创新力度，取得丰硕成果。水利部水文局组织北京市水文总站、北京师范大学开展水生态评价技术研究，探索国内外水生态评价技术研究现状，完成《水生态评价技术研究报告》和《全国水生态评价技术指南》。珠江委完成的《微量有毒有机污染物在线监测技术研究及应用》项目，获得2017年大禹水利科学技术奖三等奖。天津市《引滦输水污染物形态特征研究》课题通过验收，经市科委鉴定研究成果获国际先进水平。辽宁省水文局与沈阳农业大学合作开展大伙房水库水华预警研究项目，与中国水利水电科学研究院合作开展水环境监管体系研究、流域生态供水水量水质变化趋势研究等项目。《河南省淮河流域大中型水库的藻类监测与水体富营养化调查研究》项目获得河南省水利科技进步一等奖，并通过项目建设，建立了河南省淮河流域大中型水库的藻类图谱，构建了河南省淮河流域生态监测数据库。广东省在流溪河水库进行遥感水质监测试验与应用，全面完成《广东省河流水生态健康评价指标体系及评价方法研究》科技创新项目。甘肃省编制完成《甘肃省渭河河流健康评估》，获甘肃省水利科技进步一等奖。陕西省编制的《黄河重点水功能区纳污控制技术研究》获得2017年大禹水利科学技术奖二等奖。

第九部分

科技教育篇

2017年，全国水文系统继续加强水文科技和教育培训工作，水文科技能力和人才队伍整体素质稳步提高。加强水文科技管理工作，开展水文科技研究，承担一系列水文基础理论和应用技术的科研项目，形成一批科研成果；办好各类水文管理和业务技能培训班，成功举办全国水文勘测技能大赛，增强水文职工行业管理和业务工作能力；推进水文技术标准规范的制修订工作，发展和完善水文技术标准体系。

一、水文科技发展

1. 水文科技项目与成果

全国水文系统根据经济社会发展需求和水文中心工作需要，加强水文基础领域和应用领域的研究，全年承担科技部、水利部以及各省（自治区、直辖市）年度新立项科研项目162项，其中省部级重点科研项目66个，取得丰硕成果。全国共有24个科技项目荣获省部级科技进步或技术创新奖，其中省（部）级特等奖1项，一等奖1项、二等奖12项，三等奖10项，见表9-1；130个项目获流域管理机构、省级科学技术进步奖或地市级科技成果奖。广东省通过大力推动人工智能与水文监测的融合，探索开展无人机、遥测船在流量测验中的应用，以现代技术装备提升了水文测报能力，完成的科研项目《空天地一体化智能数据采集与处理关键技术在山洪灾害调查中的应用》，获2017年度中国地理信息科技进步二等奖。

表 9-1　2017 年获省（部）级荣誉科技项目表

序号	项目名称	主要完成单位	获奖名称	等级
1	长江水库群防洪兴利综合调度关键技术研究及应用	水利部长江水利委员会、武汉大学、中国长江三峡集团公司、华中科技大学、长江勘测规划设计研究有限责任公司、长江水利委员会水文局、长江水利委员会长江科学院、水利部中国科学院水工程生态研究所	湖北省科技进步奖	特等奖
2	黄河近年河川径流减少的主要驱动力及其贡献	黄河水文水资源科学研究院等	大禹水利科学技术奖	一等奖
3	致灾山洪预报预警技术	长江水利委员会水文局	大禹水利科学技术奖	二等奖
4	淮河水资源精细化调控关键技术及应用	淮委水文局、中国水科院、河海大学	大禹水利科学技术奖	二等奖
5	江苏太湖流域水网修复及功能提升关键技术研究	江苏省水文水资源勘测局	大禹水利科学技术奖	二等奖
6	空天地一体化智能数据采集与处理关键技术在山洪灾害调查中的应用	广东省水文局茂名水文分局	中国地理信息科技进步奖	二等奖
7	极端旱涝灾害及其影响长期预估关键技术	长江水利委员会水文局、国家气候中心、南京信息工程大学、华中科技大学	湖北省科技进步奖	二等奖
8	国家地下水监测体系（水利部分）关键技术研究	河南黄河水文勘测设计院	黄河水利委员会科技进步奖	二等奖
9	西江流域水文气象耦合洪水预报技术研究	珠江水文水资源勘测中心	珠江水利委员会科技进步奖	二等奖
10	辽宁省防洪减灾指挥系统关键技术研究与应用	辽宁省防汛抗旱指挥部办公室、辽宁省水文局	辽宁省科技进步奖	二等奖
11	钱塘江涌潮多模式融合检测与实时递归预报系统	杭州市水文水资源监测总站	浙江省科技进步奖	二等奖
12	山洪灾害调查评价及预警关键技术研究与应用	安徽省水文局	安徽省科技进步奖	二等奖

续表

序号	项目名称	主要完成单位	获奖名称	等级
13	祁连山区气候变化对水资源变化趋势的影响研究及其应用	甘肃省水文水资源局	甘肃省科技进步奖	二等奖
14	青海省黄南、果洛、玉树藏族自治州水资源调查评价及水资源配置	青海省水文水资源勘测局	青海省科技进步奖	二等奖
15	微量有毒有机污染物在线监测技术研究及应用	珠江流域水环境监测中心、珠江水资源保护科学研究所、珠江流域水资源保护局	大禹水利科学技术奖	三等奖
16	北京市智慧水文服务平台研究与实现	北京市水文总站	大禹水利科学技术奖	三等奖
17	最严格水资源管理全域协同决策服务系统构建关键技术研究与应用	福建省水文水资源勘测局	大禹水利科学技术奖	三等奖
18	宁夏中部干旱带扬黄灌区节水技术集成研究	宁夏水利科学研究院、宁夏水文水资源勘测局、宁夏固海扬水管理处	大禹水利科学技术奖	三等奖
19	浙江省无资料流域设计洪水及水文预报关键技术及应用研究	浙江省水文局	浙江省科技进步奖	三等奖
20	钱塘江河口地区城市排涝关键技术及应用研究	浙江省水文局	浙江省科技进步奖	三等奖
21	闽江流域水资源质量时空变化的系统分析及应用研究	福建省水文水资源勘测局	福建省科技进步奖	三等奖
22	丹江口水库水源区农业面源污染分析及其防治技术	河南省水文水资源局	河南省科技进步奖	三等奖
23	变化环境下广西水文特征值研究与应用	广西壮族自治区水文水资源局	广西省科技进步奖	三等奖
24	石羊河流域治理生态目标过程控制关键技术	甘肃省水利科学研究院、清华大学、中国农业大学、甘肃省水文水资源局	甘肃省科技进步奖	三等奖

2.《水文》杂志

2017 年，水利部水文局持续加强对《水文》杂志的编辑出版工作，全年共完成了 6 期正刊《水文》杂志的审稿、编辑、校对、出版及发行等工作，共收稿和审查编辑论文 453 篇，经审查采纳刊出论文 98 篇，约 104 万字，总发行 12000 册。

一年来，《水文》杂志持续加强质量管理，结合广大基层科技人员的实际需求，在杂志题材选题上注重实用性和可操作性，突出反映当前水文科技前沿和引领水领域发展的前瞻性技术和基础研究等，内容上紧扣当前水文、水资源、水环境、水生态、地下水等方面的热点和难点问题进行探讨研究，注重文章的可读性和成果的应用性，并加强了对稿件质量和审核制度的管理。2017 年《水文》杂志继续保持有中国科学技术研究所的"中国科技核心期刊"、北京大学图书馆的"地球物理学类"核心期刊和中国科学院文献情报中心的"中国科学引文数据库来源期刊"称号，维护了我国水文专业权威性科技期刊的的声誉。

二、水文标准化建设

全国水文系统加快推进完善水文技术标准规范体系。水利部水文局继续加强技术标准的制修订工作和质量管理。2017 年共完成标准起草 3 项、征求意见稿 9 项、送审稿 4 项、报批稿 2 项，全年共颁布 7 项水文技术标准，其中，《水文测站考证规范》《翻斗式雨量计计量检定规程》已经正式实施（见表 9-2）。截至 2017 年年底，现有在编水文技术标准 31 项。

11 月，水利部与国土资源部共同修订的 GB/T 14848—2017《地下水质量标准》颁布实施。水利部水文局还组织编制完成了《水生生物监测调查技术指南（试行）》。为服务水生态文明建设，北京市编制完成了地方标准《北京市水生态监测技术规范》和《水生态健康评价技术规范》的送审稿。

表 9-2　2017 年颁布实施的标准项目清单

序号	标准名称	标准编号	发布日期 /（年 - 月 - 日）	实施日期 /（年 - 月 - 日）
1	水文测站考证技术规范	SL 742—2017	2017-04-06	2017-07-06
2	湖泊代码	SL 261—2017	2017-04-06	2017-07-06
3	水质 丙烯醛、丙烯腈和乙醛的测定 吹扫捕集 - 气相色谱法	SL 748—2017	2017-01-09	2017-04-09
4	水文仪器基本参数及通用技术条件	GB/T 15966—2017	2017-11-01	2018-05-01
5	水文仪器信号与接口	GB/T 19705—2017	2017-11-01	2018-05-01
6	水道观测规范	SL 257—2017	2017-04-06	2017-07-06
7	翻斗式雨量计计量检定规	JJG（水利）005—2017	2017-04-06	2017-07-06

三、水文人才队伍建设

1. 加强水文教育培训

2017 年全国水文系统围绕"三支队伍"建设，开展了全方位、多层次教育培训，提高水文人才队伍整体素质，为水文事业发展提供重要的人力资源保障。水文部门全年举办各类培训班 1972 个，累计培训 3.3 万人次，其中省级及以上部门组织开展的技术培训班 395 个，培训人数 1.37 万人，收到了良好的效果。

2017 年 3 月，水利部水文局与水利部人事司共同举办了为期 100 天的"2017 年水利部支持西部发展水文水资源专修班"，来自西部 12 个省（自治区、直辖市）共 50 名学员参加培训，为支持西部水文发展夯实人才基础。

2017 年 11 月 30 日至 12 月 5 日，由水利部人事司和水文司共同主办的第十四期"全国水文局领导干部理论培训班"在江西省南昌工程学院成功举办。培训班为期 6 天，来自各流域管理机构、各省（自治区、直辖市）等单位水文部门负责人共计81人参加了培训。本期培训班邀请了中央党校、国家行政学院、清华大学等单位的刘炳香、竹立家、韩冬雪等知名专家学者分别就团队建设与执行力提升、"十九大"精神与中国未来改革、社会转型期国家发展战略为题为学员作了讲座。培训班立足水利发展实际，还邀请了水利部人事司、水资源司、国家防办、中央纪委驻部纪检组和长江委水文局等有关领导和专家分别就关于人才工作有关情况、最严格水资源管理制度考核与水资源监控能力建设、水文监测改革与事业发展、防汛抗旱应急管理、学习贯彻党的十九大精神推动、水利系统全面从严治党以及新时代水文发展与现代水文监测技术等9个方面开展了专题讲座，并从加强改进作风制度建设、坚持从严治党的要求出发，特别组织了全面从严治党，强化内控建设的专题讲座，并就有关讲座内容组织了专题班会及讨论座谈。

各地水文部门结合自身实际，围绕水文业务、技术技能、综合管理、素质提升、党建工作等诸多方面，因地制宜开展了内容丰富的教育培训活动，对提升业务干部、技术人员、技能人才等水文队伍的整体能力水平发挥了显著的作用。

2. 培养水文技能人才

2017年11月，水利部、劳动和社会保障部、中华全国总工会在重庆市北碚区联合举办第六届全国水文勘测技能大赛，重庆市水文水资源勘测局、长江上游水文水资源勘测局等单位承办，来自全国水文部门的75名选手参加了竞赛。经过激烈角逐，评选出一等奖3名、二等奖5名、三等奖7名和7个项目单项奖，来自江苏省的选手陈磊获总成绩第一名（图9-1）。作为第五届全国水利行业职业技能竞赛的重要组成部分，本届大赛得到了水利部、人力资源和社会保障部、中华全国总工会有关领导和部门高度重视。此次大赛是贯彻落实中央人才优先发展战略，大力培育和弘扬工匠精神，加强水利高技能人才队伍建设的一项重要举措，也是近年来我国水文系统勘测岗位技能的一次集中检阅，对于激励引导广大水文勘测岗位职工和技能人才学技术、练技能，造就一支掌握现代科技知识、具有较高技术水平、管理水平的高技能水文人才队伍，具有十分重要的意义。

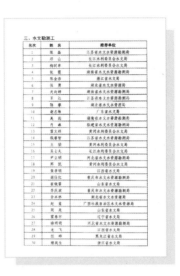

图 9-1 全国水文勘测技能大赛获奖名单

各地水文部门也高度重视第六届全国水文勘测技能大赛，如长江委、黄委、黑龙江、辽宁、湖南、贵州、海南、宁夏等流域管理机构和省（自治区）组织开展了本省（自治区）的水文勘测技能大赛或选拔赛，通过以赛代练，以赛代培，进一步强化人才队伍建设。其中黑龙江省由省总工会、省人力资源和社会保障厅、省水利厅联合主办，省水文局承办的"2017年中国技能大赛——黑龙江省第六届水文勘测技能大赛"，此次赛事被省人力资源和社会保障厅列入省级一类竞赛。辽宁省依据《辽宁省"水文质量年"工作方案》，举办了"辽宁水文勘测技能大赛"，从浮标测流、水质采样、ADCP测流、GPS测量、流速仪拆装及雨量计安装调试等业务方面，全面提升水文职工监测能力和水平。

3. 稳定发展水文队伍

水文部门高度重视人才队伍建设，通过引进高素质人才、加强业务技能培训和在职职工再教育等多种途径，不断增强水文职工业务技能，提高人才队伍整体素质，保持职工队伍稳定发展。

2017年，全国水文职工队伍基本保持稳定，水文部门共有从业人员69256

人，其中：在职职工 25647 人，委托观测员 43609 人。随着水文测站数量的大幅增加，近几年来委托人员保持了较高数量。在职人员中：管理人员 2599 人，占 10%；专业技术人员 17993 人，占 70%；工勤技能人员 5055 人，占 20%（图 9-2）。其中专业技术人员中：具有高级职称的 4884 人，占技术人员总数的 27%；具有中级职称的 6348 人，占 35%；中级以下职称的 6761 人，占 38%（图 9-3）。在职职工中具有中级及以上职称的技术人员数量有所增长，人才队伍结构总体稳定。

此外，现有离退休职工 16674 人，较上一年增加 257 人。

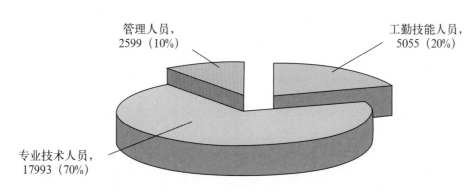

图 9-2　水文在职职工结构图

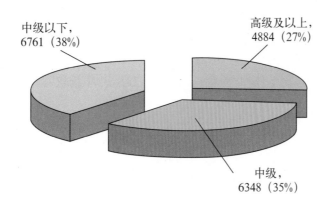

图 9-3　在职职工专业技术结构图

附　录

2017 年度全国水文行业十件大事

1. 水文情报预报工作再立新功

2017 年，全国强降雨过程频繁，大江大河洪水南北并发，多条中小河流洪水超历史，华西地区秋汛明显，台风密集登陆。面对严峻的汛情，全国水文部门超前部署、科学研判、加密会商、准确预报，及时预警，为有效应对长江、黄河、淮河、珠江、松花江等流域多次洪水过程，成功防御洞庭湖水系罕见大洪水和汉江严重秋汛，科学防范"纳沙""海棠""天鸽"等台风袭击，提供了重要的信息支撑和技术保障，做出了重要贡献，得到了各方充分肯定。在迎战陕西榆林"7·26"特大暴雨洪水中，绥德水文站 4 名职工身处孤岛临危不惧，面临危险恪尽职守，抢测到有实测资料以来的最大洪水过程，为绥德县及时组织 6.5 万人撤离避险赢得了宝贵时间，受到国家防总、省防总通报表彰。

2. 全国水文工作会议和水文党风廉政建设工作座谈会在京召开

2017 年 4 月，水利部在北京召开全国水文工作会议，全面总结了 2016 年水文工作，深入分析了当前面临形势任务，明确了"深化水文改革，全面提升水文服务支撑保障能力"的目标和任务，部署了 2017 年水文重点工作。同时召开全国水文党风廉政建设工作座谈会，对水文系统党风廉政建设进行部署和要求。

3. 水利部新设立水文司

按照中编办批复的承担行政职能事业单位改革试点方案，水利部机关增设"水文司"，新水文司承担水文行政管理职能，进一步强化了水文行业管理，是水文发展史上具有里程碑意义的重大事件。同时，原水利部水文局（水利信息中心）更名为水利部信息中心，并加挂"水利部水文水资源监测预报中心"牌子，增设水利部水文水资源监测评价中心（副局级），水文行政管理和业务职能得到"双加强"。

4. 水文体制改革加快推进

2017 年，水文管理体制改革取得重大进展。四川省批复增设 8 个地市水文水资源勘测局，同时挂水环境监测分中心牌子；湖北省批复新设 5 个地市水文水资源勘测局；山东省批复设立 75 个县级水文机构；深圳市批复设立深圳市水文水质中心；长江委水文局西南诸河水文水资源勘测局在云南昆明挂牌运行。

5. 水文规章制度建设不断完善

新疆维吾尔自治区第十二届人民政府通过《新疆维吾尔自治区水文管理办法》并正式发布，目前共 26 个省（自治区、直辖市）出台地方水文法规或政府规章。水利部办公厅印发《关于进一步确保水质监测数据质量的通知》，对加强水质监测管理和质量控制提出明确要求。

6. 水文积极服务全面推行河长制

各地水文部门积极为全面推行"河长制"和生态文明建设等提供服务支撑。浙江省组织开展运河、苕溪等重点河段清淤前后水质对比，分析水功能区水质改善效果，同时开展了全省 1112 个水功能区纳污能力分析；江西省编制了《江西省水文局河长制技术支撑工作方案》，建立了江河湖库基本档案；湖北省出台了《湖北水文全面服务河湖长制工作的指导意见》，提出七个方面重点工作；福建省配合各级"河长办"开展水环境及水污染防治监测与研究；江苏省承担 220 余条区域骨干河道河长制"一河一策"编制工作。印发《水生生物监测调查技术指南（试行）》，编制完成《水生态评价技术研究报告》《水生态评价技术指南》两项技术报告。

7. 水文重点建设项目稳步推进

国家地下水监测工程主体建设任务如期完成，监测井共需建设 10298 个，已全部完成，仪器设备安装完成率达到 98.8%，信息系统建设已完成流域、省级中心部署，目前已有 10060 站信息实时报送至部中心。中小河流水文监测系统建设加快收尾,项目建设任务全面完成,北京、山西、吉林、上海、河南、甘肃等省(直辖市)已全面完成工程竣工验收,组织编制了《中小河流水文监测系统项目建设总结评价报告》。项目前期工作取得新的进展,大江大河水文监测系统建设工程(一期)得到国家发展改革委批复立项,储备了一批建设项目。

8. 水文运行维护保障得到加强

水利部修订完成并重新颁布《水文业务经费定额标准(2017版)》,补充了相关业务内容,调整了相应定额标准。各地积极落实水文设施运行维护经费,一些省区水文运行维护费取得显著增长。山东省编办批复同意全省 17 市水文局水文水资源监测设施运行纳入政府购买服务项目,核定购买劳务服务 318 人,落实运行维护经费 3650 万元。四川省财政厅、水利厅联合印发《关于印发〈四川省水文事业单位专用资产配置标准〉的通知》,规范了水文测报设备、巡测及应急监测设备、水质监测分析设备等水文专用资产配置,落实运行维护资金 2468 万元。

9. 第六届全国水文勘测技能大赛在重庆举行

2017 年 11 月,由水利部、人力资源和社会保障部、中华全国总工会联合主办第六届全国水文勘测技能大赛,大赛公开、公平、公正,以赛促学,对促进水文技能人才队伍建设和技术工人整体技术水平的提高发挥了重要的作用。

10. 水文科技与精神文明成果丰硕

积极研发和推广高分辨率面雨量监测系统、国产声学流速仪等先进仪器设备。长江委水文局联合多家单位开展战略合作,推动 ADCP 国产化;黄委水文局《黄河近年河川径流减少的主要驱动力及其贡献》、江苏省《江苏太湖流域水网修复及功能提升关键技术研究》、北京市《北京市智慧水文服务平台研究与实现》等一批科研成果荣获大禹水利科技奖项。长江委水文局、黄委宁蒙水文局荣获全国文明单位称号;福建省水文水资源勘测局、湖北省水文水资源局等 6 家单位荣获"第八届全国水利文明单位"称号;太湖局水文局水文水资源处获评 2017 年上海市巾帼文明岗;长江委水文局郭志金入选中国能源化学地质行业"大国工匠"。